"十三五"职业教育部委级规划教材

服装设计与工艺专业群新形态一体化教材
高等职业院校纺织服装创新创业教育改革试点专业教材
全国教育信息技术研究课题成果（立项号：186130052）

服装搭配实务

张　虹　编著

U0241958

中国纺织出版社

内 容 提 要

本书通过讲述服装色彩搭配、服装图案选配、服饰核心元素搭配、服饰形象搭配四个项目任务，能够巧妙运用服饰核心元素更好地进行服饰形象美学搭配，力求使服饰整体形象得到升华。本书创新教材形态，不仅植入任务内容与任务目标、任务实施、示范作品，还嵌入视频、课件等数字资源，将教材、教学资源、数字课程资源三者融合新形态一体化。

本书作为"十三五"职业教育部委级规划教材，既可以作为高等职业院校纺织服装设计专业、人物形象设计专业、时装零售与管理专业学生的学习用书，也可供广大服饰爱好者阅读参考。

图书在版编目（CIP）数据

服装搭配实务 / 张虹编著. -- 北京：中国纺织出版社，2020.5（2023.8 重印）

"十三五"职业教育部委级规划教材

ISBN 978-7-5180-5885-3

Ⅰ．①服… Ⅱ．①张… Ⅲ．①服饰美学 – 职业教育 – 教材 Ⅳ．① TS941.11

中国版本图书馆 CIP 数据核字（2018）第 301730 号

责任编辑：朱冠霖 责任校对：江思飞 责任印制：何 建

中国纺织出版社出版发行

地址：北京市朝阳区百子湾东里A407号楼 邮政编码：100124

销售电话：010—67004422 传真：010—87155801

http://www.c-textilep.com

中国纺织出版社天猫旗舰店

官方微博 http://weibo.com/2119887771

北京通天印刷有限公司印刷 各地新华书店经销

2020年5月第1版 2023年8月第3次印刷

开本：787×1092 1/16 印张：9

字数：141千字 定价：58.00元

前言

"时尚易逝，风格永存。"

——[法]可可·香奈尔（CoCo Chanel）

在当今快时尚时代，时装更新速度朝着不可控制的趋势在加快。一些快时尚品牌一年推出几十个系列，一线品牌一年要办几次秀，时装设计却不断地撞出"模仿"的火花。但是，请不要忘记可可·香奈尔（CoCo Chanel）的那句经典名言："时尚易逝，风格永存。"因此，我们不必盲目追求潮流，只有适合自己形象的才是最好的。

形象设计与文化修养提升这两个方面在塑造个人形象中起着重要作用，从价值提升角度来说，形象设计是塑造良好个人形象的捷径，形象设计的核心任务就是塑造良好的服饰形象。本书分为服装色彩搭配、服装图案选配、服饰核心元素搭配、服饰形象搭配四个项目，有助于提高读者理解服饰搭配美学原理，掌握服装色彩搭配、服装图案选配与装饰、配饰与服装搭配、服装风格搭配技巧，通过个人形象诊断与服饰形象定位，巧妙运用适体服装选配技巧更好地塑造服饰整体形象，提升服饰形象美学搭配能力。

编著者张虹系杭州职业技术学院教授、工艺美术师，通过总结多年来在服装和时尚形象设计教学实践，以及时装零售与管理创新创业教育改革试点专业项目、全国教育信息技术研究课题成果，将教材、教学资源、数字课程资源三者融合新形态一体化。

最后，特别感谢同事和朋友们的帮助，感谢出版社编辑对本书的把关与润色，也特别感谢中国纺织出版社有限公司全体职员的辛劳工作。因编著者能力有限，书中难免有疏漏或不妥之处，恳请读者指正！

2020年3月

目录

项目一　服装色彩搭配

任务1　蒙德里安裙的色彩搭配

【任务内容】

1. 色彩的个性特征
2. 色彩基本原理
3. 色彩的秩序
4. 服装三原色搭配

【任务目标】

1. 感受色彩魅力，认识色彩的个性特征
2. 了解色彩基本原理
3. 了解色彩的秩序
4. 掌握服装三原色搭配方法

1.1　任务导入：色彩的个性特征

色彩怎么搭配才和谐？通常我们会选择一个主色调，适当小面积的穿插和主色调对比的颜色，这样形成的效果就会特别突出，在统一中寻找到变化。然而，色相和冷暖倾向鲜明的色彩作为主色调的色彩设计是很有性格特征的，驾驭不同色彩的性格特征，才能最大程度地运用好这一色彩。因此，我们先来认识色彩的个性特征（图1-1、图1-2）。

图1-1　服装色彩的个性特征（一）

图1-2　服装色彩的个性特征（二）

（1）红色调

由于红色容易引起注意，所以在各种媒体中也被广泛地利用，除了具有较佳的明视效果之外，更被用来传达活力、积极、热诚、温暖、前进等意象的服饰形象。此外，红色也常用来作为警告、危险、禁止、防火等标识用色，人们在一些场合或物品上，看到红色标识时，常不必仔细看内容，即能了解警告危险之意。

（2）绿色调

绿色传达清爽、理想、希望、生长的意象，符合了绿色环保的诉求，为避免眼睛疲劳，许多场合采用绿色。一般的医疗机构场所，常采用绿色作为空间色彩规划，即标识医疗用品。此外，绿色也适用于环保和保健等方面的配色。

（3）蓝色调

由于蓝色沉稳的特性，具有理智、准确的意象。在商业设计中，强调科技、效率的商品或企业形象，大多选用蓝色当标准色、企业色。纯蓝色调用于科幻、天文馆的展览色调，可营造出一种神秘、遥远、梦境的气氛。此外，蓝色也代表洁净，适合用于医疗等方面的配色。

（4）橙色调

橙色调明视度高，属于工业安全用色，是工业安全中的警戒色，如登山服装、背包、救生衣等。由于橙色非常明亮刺眼，有时会使人有负面低俗的意象，这种状况尤其容易发生在服饰的运用上，所以在运用橙色时，要注意选择搭配的色彩和表现方式，才能把橙色明亮活泼具有动感的特性发挥出来。橙色调会给人以暖和、光明、艳丽、丰富的感觉，搭配白色会传达出柔润、愉悦、雅致的情调。

（5）紫色调

紫色调具有强烈的女性化性格，在服装用色中，紫色受到相当大的限制，除了和女性有关的服饰之外，不常采用为主色。高明度的淡紫色调很适用于女性化妆品的色彩，纯紫色调还可营造出一种神秘、科幻、遥远、梦境的气氛。

（6）黄色调

黄色容易使人联想到黄金，在中国传统中，黄色代表高贵，代表权力。皇帝的龙袍、皇宫的装饰都用黄色，是皇家独享的色彩。由于黄色明视度高，在现代设计中，黄色常常被作为警告危险色，用来警告危险或提醒注意，如交通信号灯上的黄灯、学生用雨衣、雨鞋等。同时，黄色代表运动、时尚、年轻，所以一些运动服装品牌大量使用黄色。

（7）褐色调

在商业设计上，褐色通常用来表现原始材料的质感，如麻、木材、竹片、软木等，或用来传达某些饮品原料的色泽及味感，如咖啡、茶、麦类等。褐色强调格调古典优雅的商品形象，在服装配色中适合与许多色彩做搭配。

（8）白色调

白色首先会让人联想到高贵、圣洁，具有高级、科技的意象。在婚宴上，新娘的白色婚纱更是增添了圣洁感，而家居中使用大面积的白色，可以给人以轻松、自由舒适之感。服饰配色上，白色是永远的流行色，可以和任何颜色做搭配，会起到不错的效果。由于纯白色也会带给别人寒冷、严峻的感觉，所以白色通常需和其他色彩搭配使用。

（9）黑色调

黑色、白色和灰色都属于无彩色系，黑色具有高贵、稳重、科技的意象，被大量运用于科技领域，如专业摄影照相机、汽车、音响等各种仪器的色彩。黑色具有庄严的意象，在一些特殊场合的服饰设计大多利用黑色来塑造高雅的形象，如中国的中山装就是以黑灰色为主，体现出了一种庄严、正派之感，也是一种永远流行的主要颜色，适合与许多色彩做搭配。

（10）灰色调

灰色具有柔和、高雅的意象，而且属于中间性格，男女皆能接受，所以灰色也是永远流行的主要颜色之一。在许多高科技产品，尤其是和金属材料有关的，几乎都采用灰色来传达高级、科技的形象。服饰使用灰色时，大多利用不同的层次变化组合或搭配其他色彩，才不会给人过于朴素、沉闷、呆板、僵硬的感觉。

1.2　色彩基本原理

何为色彩？色，只存在于物体固有的颜色相貌当中；彩，则是物体色、光源色、环境色三个因素的共同反映。

色彩的形成规律主要与光、固有色和环境色有关，所有的色彩都处在一定的环境中，物体表面吸收了一部分色光，反射了另一部分色光，物体呈现的固有色其实是一种"色彩印象"。因此，一切物体的固有色都不是孤立的，不但受到光的影响，还受环境色的制约，而且受环境的反作用。此外，表面光滑或间距近的物体相互之间的影响较大，而物体的背光部分与受光部分相比受环境色影响明显增强。

色彩主要是由光、固有色和环境色形成的，单一的明度、色相、纯度是色的因素，在它们之间缺少了一个重要的环节（环境），所有的色彩都应是处在一定的环境中。

（1）物体色现象与光

光对观察和识别物体是必不可少的，其对任何物体都有很大的影响作用，离开光的作

图1-3　物体色现象要素

用，固有色就谈不上呈现，也就谈不上环境色的作用，自然界将变得黯然失色，也就谈不上识别各种色相了。通常意义上，我们以反光作为正常识别色彩的光线，自然万物在受到光线的照射时，吸收全色光中的某些光线，再从中反射出某些光线而显示出自身的面貌。

构成物体色现象要素有两个方面：一是由发光物体（如太阳、灯等）直射出来的色光；二是具有吸收和反射色光的物体（图1-3）。在光源色色光照射下的物体，色光必然要改变物体受光部分的色彩，光色的强弱、物体离光的远近，决定物体受光部分色彩的变化程度。物体表面吸收了一部分色光，反射了另一部分色光，物体呈现的固有色其实是一种"色彩印象"。

（2）物体固有色

没有人能够确切地说出自然界到底有多少色彩。因为自然界是缤纷复杂的，可以说，自然界拥有多少不同的物象，就有多少不同的色彩。天、地、云、海、树、石等，不仅有着不同的形象、质地，而且色彩也是不尽相同的（图1-4）。

但物体固有色又不是绝对固定不变的色彩，它随时随地都在光与环境色的作用下变化，世界上各种事物具有千差万别的色彩状态的内在原因和依据。一般说来，固有色支配和决定着物体的基本色调，诸如黄梨、红苹果、青菜，在光源色

图1-4　物体的固有色

和环境色的相互影响作用下，它们会改变一些自身的色彩，但它们不会因光线投射的角度和周围环境的变化而改变自身的基本色调。可以肯定地说，物体的固有色是我们识别世界上各种各样色彩的第一依据。

（3）环境色

世界是联系的，没有任何一件物体能够脱离周围环境的影响而孤立存在，色彩同样受其周围环境的影响和制约。因此，环境色被视为决定色彩的第三重要因素。不论黑、白、灰，还是红、橙、黄、绿、青、蓝、紫，自然界中很难找出纯净的色彩，这是由于固有色的存在和光线的强弱、冷暖、角度、方向以及由此产生环境色的影响而导致的。除用科学的方法在实验室中确认以外，是不可能看到纯的本色。

总的说来，白色反射最强，所以受环境色影响也最大，以下依次是橙、绿、青、紫，而黑色则由于吸收所有光而不反射任何光，所以反射最弱。

1.3　色彩的秩序

色彩像音乐一样，是一种感觉。音乐需要依赖音阶来保持秩序而形成一个体系。同样，色彩的三属性就如同音乐中的音阶一般，可以利用它们来维持繁多的色彩秩序，形成一个容

易理解又方便使用的色彩体系（图1-5）。

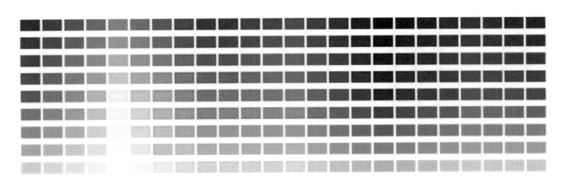

图1-5　色彩体系

色彩学家把这些种类繁多的色彩以环状形式排列，形成一个封闭的环状循环，这种色相的环状配列称为"色相环"（也称色轮），在进行配色时它是非常方便的工具，可以了解两色彩间有多少间隔。色相环有十二色相环、十八色相环、二十四色相环、三十六色相环等，其中十二色相环、二十四色相环最为常见。

色相环是把不同色相的高纯度色进行排列从而构成色相推移。依色相整理色彩，还可以根据不同的类别将色彩分成几个色组，如冷色系（绿、蓝绿、蓝紫、紫），暖色系（黄、黄橙、橙、红橙、红）等。

色相环呈现出原色：红、蓝、黄；二次色（间色）：橙、绿、紫；以及由此产生的三次色（复色）：红橙、黄橙、黄绿、蓝绿、蓝紫、红紫。色相环易于分辨，井然有序，让使用的人能清楚地看出色彩的秩序（图1-6）。

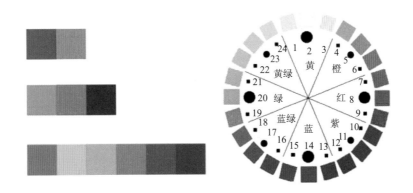

图1-6　原色、间色与复色

（1）十二色相环

十二色相环是由原色、二次色（间色）和三次色（复色）组合而成（图1-7）。井然有序的色相环让使用的人能清楚地看出色彩平衡、调和后的结果。

（2）二十四色相环

奥斯特瓦尔德色彩体系中含有黄、橙、红、紫、蓝、蓝绿、绿、黄绿八个主要色相（图

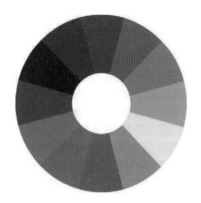

图1-7 十二色相环

1-8）。二十四色相环将每个基本色相又分为三个部分，组成二十四个分割的色相环，从1号排列到24号（图1-9）。相隔15°的两个色相，均是同种色对比，色相感单纯、柔和、统一，趋于调和。彼此相隔十二个数位或者相距180°的两个色相，均是互补色关系。互补色结合的色组是对比最强的色组，使人的视觉产生刺激性、不安定性。

（3）色相环绘制的方法

色相环中的三原色是黄、红、蓝（序号1、9、17），彼此势均力敌，在环中形成一个等边三角形；二次色（间色）是橙、紫、绿（序号5、13、21），处在三原色之间，形成

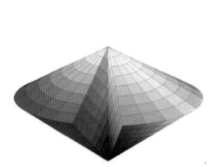

图1-8 奥斯特瓦尔德色彩体系

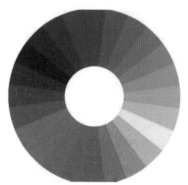

图1-9 二十四色相环

另一个等边三角形；三次色（复色）是由原色和二次色混合而成，黄橙、红橙、红紫、蓝紫、蓝绿和黄绿六色为三次色（序号3、7、11、15、19、23）。

色相环绘制具体步骤如下（图1-10）。

①首先完成三原色（序号1、9、17）：黄、红、蓝。

②再调和出三间色（序号5、13、21）：红+黄=橙；红+蓝=紫；黄+蓝=绿。

③最后调和出六种复色（序号3、7、11、15、19、23）：黄+橙=黄橙；红+橙=红橙；红+紫=红紫；蓝+紫=蓝紫；蓝+绿=蓝绿；黄+绿=黄绿。

1.4 服装三原色搭配

（1）三原色

三原色指色彩中不能再分解的三种基本原色。原色，又称为元色、基色，即不能通过其他颜色混合而调配出的颜色，并用以调配其他色彩。原色以不同比例混合可以调配出其他绝大多数色彩，而其他颜色不能调配出三原色。因此，三原色纯度、饱和度最高，颜色最纯净、最鲜艳。

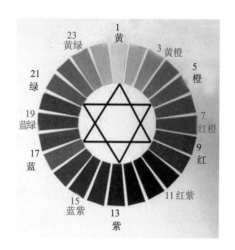

图1-10 绘制二十四色相环

三原色通常分为两类：一类是色光三原色；另一类是色彩（印刷色）三原色。

（2）色光三原色

红、绿、蓝三色被称为色光三原色。三原色光模式（RGB Color Model），又称RGB颜色模型或红绿蓝颜色模型，是一种加色模型，将红（Red）、绿（Green）、蓝（Blue）三原色的色光以不同的比例相加，以产生多种多样的色光。

由于光的特殊属性，利用加色法原理将色光三原色混合达到一定的强度就呈现白色（白光）（图1-11）。若三种色光的强度均为零则呈现黑色（黑暗）。每一种色光都有256（2^8）个亮度水平级，三种色光叠加就能形成1670万（256^3）种色彩（即真彩色）。

（3）色彩（印刷色）三原色

另一类就是通常我们说的色彩三原色，即红、黄、蓝。色彩中颜料调配三原色是大红、柠檬黄、湖蓝三色；而印刷色则把品红（Magenta）、黄（Yellow）、青（Cyan）定为三原色。若这三种色彩混合达到一定的强度，根据减色法原理混合色为黑色（图1-12）。

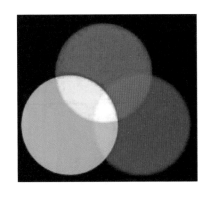 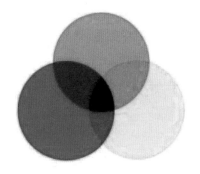

图1-11 色光三原色（加色法原理）　　图1-12 色彩（印刷色）三原色（减色法原理）

（4）蒙德里安裙的色彩搭配

彼埃·蒙德里安（Piet Cornelies Mondrian，1872~1944年），荷兰画家，风格派运动幕后艺术家和非具象绘画的创始者之一，对后代的建筑、设计等影响很大。冷抽象派艺术家，其自称"新造型主义"，又称"几何形体派"（图1-13）。

蒙德里安的几何抽象派（Geometrical Abstractionism）思想的形成，是他在1915年认识数学家肖恩梅克斯之后，从他的理论中获取了最大的启发，抽象主义艺术的理论建立在对所谓内在精神的认识上的。蒙德里安相信，宇宙万物的结构都是按照数学的原则建立的，他最终找到了一种格状结构的绘画公式，通过结构比例和色彩搭配的变化，他使这一绘画公式产生了无数和谐的变体。他的大部分作品都是严格地按照黄金分割的比例来分割画面，使之达到一个视觉上的平衡，然后再根据画面点缀红黄蓝三原色使之协调，理性中嵌入感性（图1-14）。

伊夫·圣·洛朗被誉为法国20世纪最顶尖的设计大师之一，他经过四十载的努力，将其时装产品打造成为世界知名品牌之一。1965年，伊夫·圣·洛朗开创性地将艺术引入时装，以荷兰风格派画家蒙德里安《红黄蓝构图》为灵感，创作了著名的格子裙（图1-15）。黑线加红、黄、蓝、白组成的四色格纹，清新明快的色彩，简单但极富张力，呈现出艺术与时装结合的奇妙效果。这些波普风格短裙轰动一时，被称为"蒙德里安裙"（图1-16）。此后他还推出了毕加索、达利等艺术家系列，这种风尚在今天引发了时尚与艺术跨界设计的风潮。

"蒙德里安裙"和伊夫·圣·洛朗的其他作品，包括1962年胸前有蝴蝶结的晚礼服、1966年的吸烟装、1971年的黑色花边露背鸡尾酒服装均为他的代表作。

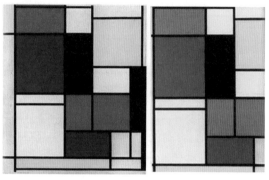

图1-13　蒙德里安的红黄蓝色彩构成　　　　图1-14　蒙德里安的《红黄蓝构图》系列作品

图1-15　伊夫·圣·洛朗设计的蒙德里安裙（1965年）

图1-16　蒙德里安裙

（5）服装三原色搭配：惊艳的配色方法

蒙德里安如何把红黄蓝这三种颜色运用得如此完美？蒙德里安裙又是如何把红黄蓝色彩调和、搭配运用得那么成功？

蒙德里安裙有着一定的色彩秩序与色彩搭配方法（图1-17），将格状结构的艺术形式应用并产生无数和谐的变化，我们仔细观察可以归纳为以下五个要素。

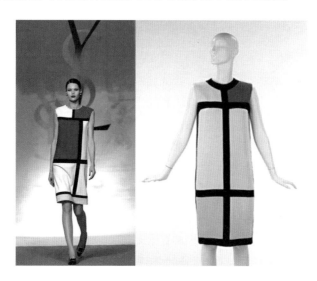

图1-17 蒙德里安裙的色彩搭配

①格状结构（水平线、竖直线垂直相交）。

②红黄蓝三原色与黑色、白色的搭配。

③相邻色彩变化搭配。

④格状色彩之间用横平竖直的黑色线条分隔。

⑤格状比例大小不同，非棋盘格状。

1.5 任务实施

给定服装模特，应用服装三原色搭配，完成蒙德里安裙的色彩搭配作品，掌握三原色在服装色彩中的应用（图1-18）。

图1-18 蒙德里安裙的色彩搭配（教师示范：张虹）

任务2　服装色彩属性搭配

【任务内容】

1. 服装色彩与环境的关系
2. 色彩三属性
3. 服装色彩属性搭配

【任务目标】

1. 了解服装色彩与环境的关系
2. 掌握色彩三属性
3. 掌握服装色彩属性搭配方法

2.1　任务导入：服装色彩与环境的关系

随着当代美学的发展，人们认识到服饰美体现在是否与环境相和谐，这包括服饰色彩与人体之间的内空间环境，服饰色彩与它所处的背景、场景的外空间环境。

人是环境的主体，所以服饰色彩离不开生活环境，它在环境中是一种与功利保持重要关系的观赏活动，并且服饰色彩的形态还受到地理和季节这样的自然环境以及政治、经济、科学、思想等社会环境的制约。那么，服装色彩与环境有什么关系？

（1）服装色彩与气候环境的关系

在这里气候环境是指各种天气和气候条件。北方气候较冷，衣着色彩要求深一些，明度和纯度稍低（图2-1）；南方气候较暖，以明度、纯度相对较高的调和色为多（图2-2）。

图2-1　北方衣着色彩

图2-2　南方衣着色彩

（2）服装色彩与地理环境的关系

自然环境、生产方式、生活方式的差异和风俗习惯、审美情趣的不同，造成了不同的民族性格和民族心理，也造成了不同的服饰风格和服饰色彩特点。中国少数民族服饰显示出北方和南方、山区和草原的巨大差别，表现出不同的风格和特点。

中国的自然条件南北迥异，北方严寒多风雪，森林草原宽阔，北方少数民族多靠狩猎、畜牧为生，生活在高原草场并从事畜牧业的蒙古族、藏族、哈萨克族、柯尔克孜族、塔吉克族、裕固族、土族等少数民族，穿着多取之于牲畜皮毛，用羊皮缝制的衣、裤、大氅多为光板，有的在衣领、袖口、衣襟、下摆镶以色布或细毛皮。藏族和柯尔克孜族用珍贵裘皮镶边的长袍和裙子显得雍容厚实，他们服装的风格是宽袍大袖、厚实庄重，多喜爱纯度较高、对比较强的色调（图2-3）。

图2-3　少数民族衣着色彩

南方温热多雨，生活在其间的少数民族多从事农耕。南方少数民族地区宜于植麻种棉，自织麻布和土布是衣裙的主要用料，织物精美，花纹绮丽。因天气湿热，需要袒胸露腿，衣裙也就多短窄轻薄，其风格生动活泼，式样繁多，各不雷同。

随着改革开放、西部大开发的推进，日常衣着也趋向东部地区一般城市居民，而一般城市居民大多喜爱较文静的调和色调（图2-4）。

图2-4 城市居民衣着色彩

2.2 色彩三属性：色彩最基本的构成要素

色彩最基本的变化规律，其实就是三属性的变化规律。色彩三属性是色相、明度、纯度，它们是色彩的三个有机组成部分，也是色彩最基本的构成要素。明度相当于色彩体系中的骨架，有了明度的变化，色彩才有了立体感；纯度相当于色彩体系中的血肉，有了纯度的变化，色彩才有了生命感；而色相就相当于色彩体系中的衣服，有了不同的色相，色彩才能更加丰富多彩。如果能解读色彩体系，就掌握了进入色彩空间的钥匙。

色彩有无彩色和有彩色之分。

无彩色指没有纯度的黑色、白色以及黑白两色之间的各种深浅不同的灰色。无彩色中的白色在所有色彩中最为明亮；相反，最暗的是黑色。无彩色系可以用纵向的垂直轴来表示。黑白在轴的两端，中间是各种明度不同的灰色。因此，无彩色只有明度上的区别，而没有纯度和色相的区别。

有彩色指可见光谱中的所有色彩，如色相环上的红、橙、黄、绿、青、蓝、紫等基本纯色，基本色之间混合以及基本色与无彩色相混合所产生的无数种色彩都属于有彩色系列。有彩色中的任何一种颜色都有各自不同的属性，可以从明度、色相以及纯度三方面来进行分析。

2.2.1 色相（色彩）

（1）色相的概念

色相是指色彩的不同的相貌，作为区分色彩的主要依据，是色彩的最大特征。

（2）基本色相与复色相

色彩的数目种类繁多，光谱（图2-5）中的红、橙、黄、绿、青、蓝、紫作为基本色相，其他色作为复色相。不同波长的光给人特定的色彩感觉是不同的，根据色彩所呈现的相貌赋予色彩一个名称，有的叫红，有的称黄……就像每个人都有自己的名字，色相即色彩的命名，可以有多种类型与称谓。

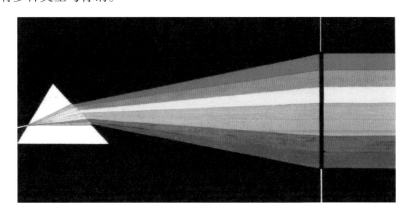

图2-5　光谱

2.2.2　明度（亮度）

（1）明度的概念

明度是指色彩的明暗程度，也可称为色彩的明亮度、深浅度。明暗程度，通常从黑到白分为若干阶段作为衡量的尺度。接近白色的明度高，接近黑色的明度低，任何色相都有各自的明度特征。

（2）明度序列（明度推移）

明度高低划分方法是把无彩色的黑白作为两个极端，在中间根据明度顺序，等间隔地排列若干个灰色，就成为有明度阶段的系列，即称为无彩色明度系列。靠近白端的为高明度，靠近黑端的为低明度，中间部分为中明度（图2-6）。

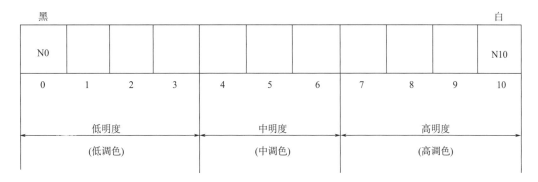

图2-6　无彩色明度色阶

由于有彩色中不同的色相在光谱上的位置不同，所以被眼睛知觉的程度也不同，黄色处于可见光谱的中心位置，眼睛的知觉度最高，色彩的明度也最高，紫色处于可见光谱的边缘，眼睛知觉度低，故明度也最低。橙、绿、红、蓝居于黄、紫之间，这样色相依次排列，就呈现出明度的秩序。除了有彩色本身的明度以外，任何一种有彩色与无彩色（黑、白）相加时，都会受到影响而产生相对应的明度色阶（图2-7）。

图2-7　有彩色明度色阶

把不同明度的黑、白、灰按照上白、下黑、中间为不同明度的灰等差次排列，构成明度序列或明度推移。

2.2.3　纯度（彩度）

（1）纯度的概念

纯度是指色彩的鲜艳程度、饱和程度，也可称为彩度、饱和度。

（2）有彩色的纯度划分

色相环中有彩色的纯度是最高的，其中三原色最高，间色其中，复色相对低。而当一个色彩里掺进了其他成分，其彩度会相应降低，当有彩色加了无彩色灰色之后，则纯色渐渐减少鲜度，纯度降低，成为浊色（图2-8）。因此，纯度是色彩感觉强弱的标志。

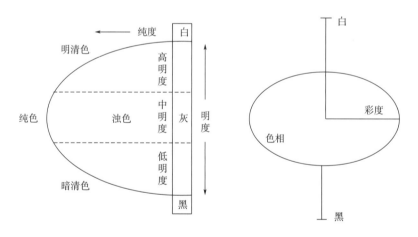

图2-8　纯度秩序构成

有彩色的纯度划分方法是选出一个纯度较高的色相，如选出大红，再找一个明度与之相等的中性灰色，然后将大红与灰色直接混合，混合出大红到灰色的纯度依次递减的纯度序列，得出高纯度色、中纯度色、低纯度色。无彩色没有色相，故纯度为零。

（3）纯度序列

把每个色相中不同纯度的色彩按照由外向内、等差降低纯度排列起来构成色相的纯度推移。

2.3　服装色彩属性搭配

2.3.1　色相秩序（图2-9）：最有魅力的色相对比

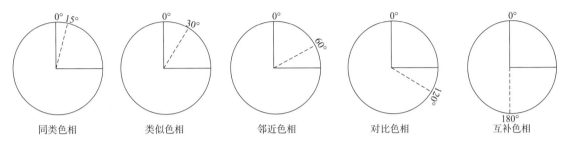

同类色相　　　　类似色相　　　　邻近色相　　　　对比色相　　　　互补色相

图2-9　色相秩序

（1）同类色关系：最微弱的色相对比

色相环上彼此相隔15°的色相属于同类色关系，也就是色相环上相邻的两色，色相差别很小，色彩对比非常弱。

（2）类似色关系

色相环上彼此相隔30°的色相属于类似色关系，如黄与黄橙、红与红橙、绿与黄绿等。

（3）邻近色关系

色相环上彼此相隔60°的色相属于邻近色关系，邻近色要比类似色对比明显些。

特点是耐看，既有变化又很统一，有丰富的情感表现力，如红与橙、黄与橙、蓝与紫。

（4）对比色关系

色相环上彼此相隔120°的色相属于对比色关系，由于距离较远，对比也变得强烈起来。

对比色具有色感鲜明、强烈、饱满、华丽、欢乐、活跃的情感特点，效果鲜明、刺激，容易让人兴奋、激动，如三原色的红黄蓝，三间色的橙绿紫，红橙、黄绿和蓝紫，黄与红橙、黄与蓝绿、紫与红橙等。但对比色搭配难度较大，处理不好显得刺眼。

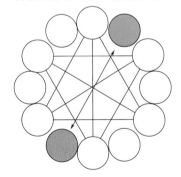

（5）互补色关系（图2-10）：最强烈的色相对比

色相环上彼此相隔180°的色相属于互补色关系，色彩对比达到最大的鲜艳程度，强烈刺激感官。

互补色的特点是强烈、鲜明、运动感，也容易产生不协调、杂乱、过分刺激、动荡不安、生硬等缺点，如黄与紫、蓝与橙、红与绿。

图2-10　色相秩序

2.3.2　明度调性

（1）高长调（图2-11）

高长调是以高明度为主基调，与少量低明度搭配，明度反差大。色彩效果形成强烈对比，色彩清晰明快、简洁明了。

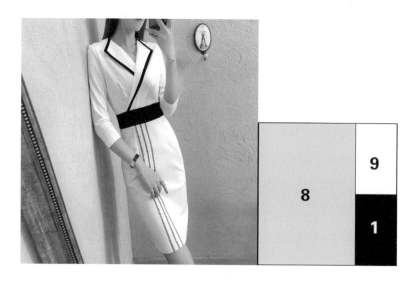

图2-11　高长调

（2）高短调（图2-12）

高短调是以高明度的主色与邻近色调搭配，明度反差小。调性素雅、轻柔、亲和、文静、优雅，色彩效果具有女性化。

（3）中长调（图2-13）

中长调是以中等明度为基调，与高明度和低明度组合，明度反差比较大。调性层次丰富，显得锐利，有力度，色彩搭配效果富有层次感。

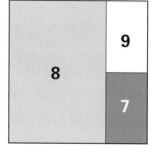

图2-12　高短调

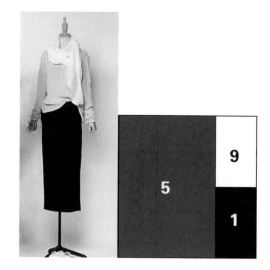

图2-13　中长调

（4）中短调（图2-14）

中短调是以中等明度为基调，相近明度色调组合，明度反差小。色彩搭配对比弱，显得稳重、老成。

（5）低长调（图2-15）

低长调以大面积暗黑色、暗色的低明度为主基调，搭配小面积亮色对比的方式，使得黑色更黑、白色更白，明度反差大。视觉冲击力强，色彩效果清晰、庄严，具有男性化、职场风格的色彩效果。

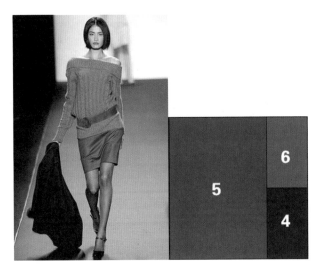

图2-14　中短调

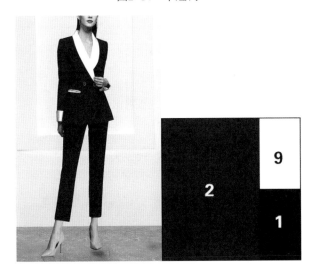

图2-15　低长调

（6）低短调（图2-16）

低短调是指大面积暗色与小面积暗灰色的低明度配色，明度反差小。色彩表现忧郁、神秘、深沉，但偶尔也会有沉闷、冷漠的感觉，建议可以搭配小巧、彩色的服饰品点缀搭配。

2.3.3　纯度对比

（1）纯度对比

以纯度变化的对比有高纯度（高彩）对比、中纯度（中彩）对比、低纯度（低彩）对比、艳灰对比（图2-17）。

图2-16　低短调

灰									纯色
1	2	3	4	5	6	7	8	9	10

低纯度	中纯度	高纯度

图2-17　纯度对比

（2）纯度与其他配色因素的关系

①色相差与纯度差成正比关系：色相差小，纯度差也要小；色相差大，纯度差也要大。

②纯度差与明度差成反比关系：纯度差大，明度差要小；纯度差小，明度差要大。

③纯度差与面积差成反比关系：高纯度面积小；低纯度面积大。

2.3.4　冷暖属性

色调的冷暖是指色彩总体倾向，色彩的冷暖感通常由色相决定，并且是相对而言的，冷色调里同样可以有部分暖色的成分，反之亦然。当一个颜色放在比它更冷的颜色旁边，它会具有暖色的倾向；但是放在暖色的旁边，它又会有偏冷的感觉。

冷暖色调也是和色彩的明度对比关系和纯度对比关系结合在一起的。冷暖色之间并不是不能相容的，冷色和暖色适当的结合会更加完美，冷暖色调可以选择一个为主，适当小面积的穿插和主色调对比的颜色。

（1）色彩冷暖属性

色彩的冷暖不是指物理上的实际温度（触觉对外界的反映），而是视觉和心理上的一种知觉效应。由于人们生活与色彩世界的经验以及人们的生理功能（如条件反射），使人的视觉逐渐变为触觉的先导。

当人们看到红色、橙色、黄色时常会联想到阳光、烈火等而产生暖热感，故称"暖色"；而看到蓝色、青色等色彩时往往使人联想到海水、夜空而产生冷感，故称"冷色"；绿色与紫色刺激小，效果介于暖色与冷色之间，此外，黑、白、灰以及大地色都属于"中性色"（图2-18）。冷暖色调主要以红、橙、黄、绿、蓝等纯色相为主的调性配置。

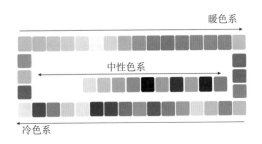

图2-18　色彩的冷暖属性

当一种颜色孤立存在或与其他颜色并置时，会带来两种不同的视觉感受。当然，在现实生活中是看不到孤立存在的颜色，因为每一种颜色都与其他颜色相互依存。相对于某一指定的颜色，其他颜色就是这一颜色的环境色。这样，两种以上的色彩元素并置时，一定会产生对比效果。色彩对比就是指参与并置的颜色互相排斥、互相衬托。

比较色彩的冷、暖色调的对比效果，据说橙色与蓝色如果以足够大的面积对比出现时，会使人产生近4摄氏度左右的心理温觉，这种感觉首先是由视觉引起的。

（2）暖色系服装（图2-19）

暖色具有膨胀感和前进感，因此暖色系服装相对而言容易使体型显胖。

①高纯度、强烈的暖色系服装（图2-20）：以纯度较高的红、黄等色彩为主色调，在明度、色彩面积上对比强烈，整体感觉明快，充满温暖、热情、热烈的气氛，视觉上可以引起兴奋。在运动、庆典等场景里经常可以看到这样的服装色彩。

图2-19　暖色系服装　　　　　　图2-20　高纯度、强烈的暖色系服装

②低纯度、柔和的暖色系服装（图2-21）：以纯度较低的暖色系服装给人以温暖、包容、质朴和充实的感觉，纯度更低的暖色是粉色、咖啡、巧克力、土地和质朴自然的典型色调。

（3）冷色系服装（图2-22）

冷色具有收缩感和后退感，因此冷色系服装相对而言容易使体型显瘦。

图2-21　低纯度、柔和的暖色系服装

图2-22　冷色系服装

①高纯度、强烈的冷色系服装（图2-23）：这种带有冰山和长空特有的冰冽和清爽的色彩，也适合表达严肃、郑重、客观之感，在现代工业产品以及数码类高新科技产品设计中大量出现，这种色彩出现在职场服装搭配中体现出理性、坚定、干脆、硬冷的品质。

②低纯度、柔和的冷色系服装（图2-24）：蓝、蓝紫、蓝绿系列的服装色彩搭配，呈现出一种洁净、凉爽宜人的感觉，低纯度的蓝绿、蓝紫色服装色彩散发淡淡的忧郁，给人一种安静、淡雅、清新的感觉。

图2-23　高纯度、强烈的冷色系服装

图2-24　低纯度、柔和的冷色系服装

（4）中性色系服装（图2-25）

中性色系使人产生休憩、轻松的情绪，可以避免产生疲劳感。因此，中性色系服装相对易于色彩搭配。

图2-25 中性色系服装

2.4 任务实施

给定服装色彩图案，完成色彩属性搭配的三个子任务：色相搭配（图2-26）、明度搭配（图2-27）、冷暖搭配（图2-28），掌握服装色彩属性搭配方法。

图2-26 学生作品：色相搭配（指导教师：张虹）

图2-27 学生作品：明度搭配（指导教师：张虹）

图2-28 学生作品：冷暖搭配（指导教师：张虹）

任务3　服装色彩美学搭配

【任务内容】
1. 服装色彩美白法
2. 无彩色服装搭配
3. 协调色服装搭配
4. 对比色服装搭配

【任务目标】
1. 掌握服装色彩美白法
2. 掌握无彩色服装搭配方法
3. 掌握协调色服装搭配方法
4. 掌握对比色服装搭配方法

3.1　任务导入：服装色彩美白法

俗话说"一白遮百丑"，我们总能发现身边深色肤色的人想显得皮肤白皙，就很喜欢穿白色或者浅色服装。为什么大家一直会有这样的误区呢？选择穿浅色其实是一种色彩心理暗示，一种色彩心理调整和补充。

其实穿白色或者浅色不能使人的肤色看起来白皙，同一个人在白色背景和在黑色背景下肤色的深浅发生了变化（图3-1）：黑色背景下肤色显白，而白色背景下肤色稍黯沉，这是"穿黑显白"的效果，由此我们可以知晓巧用服装色彩可以使肤色显白。

图3-1　穿黑显白

为什么穿黑可以显白呢？我们通过观察在黑色背景与白色背景下的两个灰色图形（图3-2），是不是产生深浅差异，显然是在黑色背景下的灰色浅一些。无论什么颜色在黑色与白色的映衬下都会产生视觉差（图3-3），并且色彩越深，对比效果越明显，所以肤色越深，"穿黑显白"的效果就越明显。

穿对了色彩可以显白，穿黑色可以起到很好的显白效果。除了黑色还可以有更多的色彩选择，例如深灰、深红、深蓝、深紫、深绿、深棕……总之，深色调都可以显白。因此，这个服装色彩美白法我们称"穿深显白"更准确（图3-4）。

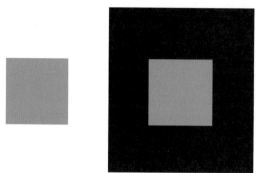

图3-2　黑色背景下更显白（一）

图3-3　黑色背景下更显白（二）

图3-4　穿深显白

着装色彩中，一切色彩围绕面部为中心装扮，也就是说：实现显白的效果主要集中在面部的三角地带，我们称之为"黄金三角区法则"（图3-5），主要指上装、发色、搭配上装的首饰、丝巾、围巾等。

3.2　无彩色服装搭配

（1）色彩特征

黑白灰属于经典色搭配。

（2）优点

容易配色，搭配和谐，与杂色服装（多种颜色的服装）容易搭配。

（3）缺点

配色缺乏丰富的情感表现，色彩效果单调、乏味。

（4）搭配技巧

①通过明度变化搭配，搭配高中低不同明度（图3-6），通常是上浅下深的色彩搭配，显得个子高挑。

图3-5　黄金三角区法则

图3-6　无彩色明度变化搭配

②搭配有色彩服装（图3-7），春夏季常见浅色搭配白色、浅灰色；秋冬季常见深色搭配黑色、深灰色。

图3-7　无彩色搭配有色彩服装

③搭配有彩色、金属色的服饰品，点缀色小而精（图3-8）。

3.3　协调色服装搭配

3.3.1　同类色搭配

（1）色彩特征

色相环上彼此相隔15°的色相属于同类色关系，也就是色相环上相邻的两色，色相差别很小，色彩对比非常弱（图3-9）。

图3-8　点缀色

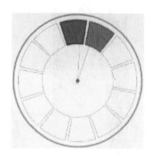

图3-9　同类色

（2）优点

容易配色，搭配统一、和谐。

（3）缺点

色彩效果相对比较单调、乏味。

（4）搭配技巧

①相同色系用深浅不同的颜色搭配（图3-10）。

②巧用黑白色服装搭配。

图3-10　同类色服装搭配

3.3.2　近似色搭配

（1）色彩特征

色相环上彼此相隔45°的色相属于近似色关系，近似色对比要比同类色对比色彩变化丰富些（图3-11）。

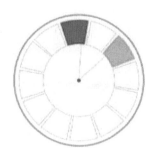

图3-11 近似色

（2）优点

配色既有变化又很统一，有丰富的情感表现力。

（3）缺点

色彩效果"趋同"与"求异"较难兼得与协调。

（4）搭配技巧

①选择一种颜色为主色，近似色彩搭配应主次分明（图3-12）。

②搭配呼应色的服饰品。

图3-12 近似色服装搭配

3.4 对比色服装搭配

3.4.1 对比色（撞色）搭配

（1）色彩特征

色相环上彼此相隔120°的色相属于对比色关系，由于距离较远，对比也变得强烈起来（图3-13）。

（2）优点

配色效果鲜明，表达强烈醒目、饱满、华丽、欢乐、活跃的情感特点。

（3）缺点

搭配难度较大，搭配处理不好显得刺眼、杂乱。

（4）搭配技巧

①服装配色面积不同，忌讳上下装服装面积相等，重量感轻的颜色应占稍大面积（图3-14）。

②搭配无彩色、金属色的服饰品。

③杂色服装的饰品搭配应选择杂色其中一色为呼应色（图3-15）。

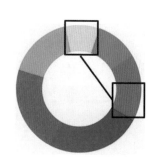

图3-13　对比色（撞色）

图3-14　对比色（撞色）服装搭配

图3-15　杂色服装搭配

3.4.2　互补色搭配

（1）色彩特征

色相环上彼此相隔180°的色相属于互补色，色彩对比达到最大的鲜艳程度，强烈、刺激感官，是最强烈的对比色（图3-16）。

（2）优点

配色效果鲜明，最大程度吸引视觉。

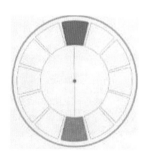

图3-16　互补色

（3）缺点

色彩效果太抢眼刺激，招惹非议。

（4）搭配技巧

①配色面积应不同，忌讳大红大绿，应降低颜色的纯度，例如墨绿色与酒红色搭配（图3-17）。

②搭配无彩色、金属色的服饰品。

3.5　任务实施

完成服装色彩美学搭配的三个子任务：无彩色服装搭配、协调色服装搭配、对比色服装搭配，掌握服装色彩搭配方法。

①无彩色服装搭配（图3-18）：避免色感单调，并进行搭配说明。

②协调色服装搭配（图3-19）：服装色彩符合协调色特征，避免色感单调，并进行搭配说明。

③对比色服装搭配（图3-20）：服装色彩符合对比色特征，避免色彩刺目、杂乱，并进行搭配说明。

图3-17　互补色服装搭配

图3-18　学生创新作品：无彩色服装搭配（指导教师：张虹）

图3-19　学生创新作品：协调色服装搭配（指导教师：张虹）

图3-20 学生创新作品：对比色服装搭配
（指导教师：张虹）

任务4　个人专属的服装色彩搭配

【任务内容】
1. 四季色彩理论
2. 个人专属的服装配色
3. 服装色彩搭配方法与技巧
4. 职场服装色彩搭配
5. 休闲服装色彩搭配

【任务目标】
1. 了解四季色彩理论
2. 掌握服装色彩搭配方法与技巧
3. 掌握职场服装色彩搭配技巧
4. 掌握休闲服装色彩搭配技巧

4.1　任务导入：四季色彩理论

四季色彩理论在当今国际时尚界一直保持热度，它的创始人是美国的卡洛尔·杰克逊女士。四季色彩理论给世界各国人的着装生活带来了巨大的影响，同时也引发了各行各业在色彩应用技术方面的巨大进步。

四季色彩并非自然节气，而是根据不同的基调将各种色彩进行分类，进而形成四组自成和谐关系的色彩群。由于每一组色群的颜色刚好与大自然四季的色彩特征吻合，因此，便把这四组色群分别命名为"春""秋"（暖色系）和"夏""冬"（冷色系）。该理论体系对于人的肤色、发色、瞳孔色和唇色等色相进行了科学分析，将人体也作了冷暖之分，并按明暗（明度）和强弱（纯度）把人区分为四大类型，为人们分别找到和谐对应的"春、夏、秋、冬"四组装扮色彩。大部分人属于单一类型，也有混合类型的人。根据四季色彩理论的测试方法，我们能够很容易地找到自己的专属色彩，呈现出最美丽的一面。

以下分别从春、夏、秋、冬四季总结出具有代表性的季节色彩，应用到基本、商务、户外、宴会等不同场合的服饰配色案例中，汲取四季力量的服饰配色（女性篇），供大家学习和参考。

（1）春季型肤色

春季型肤色呈现浅象牙色、粉色，肤质细腻，有透明感，属于暖色系里的轻型人（图4-1）。

①温柔婉约的服饰配色（图4-2）：以卵黄色、肉粉色、薄荷色为主色，色调明亮清澈，体现温柔的感觉。温柔婉约型适合娴静平和的女性，给人甜美温和的印象。搭配禁忌色：千万别用黑色，黑色是春季型人的大敌，会使原本娇嫩的肤色暗淡无光。

②甜美可爱的服饰配色（图4-2）：甜美可爱型适合较为年轻的女性，更多地使用粉红色、蓝色和嫩草色等较为活泼的色彩，大胆使用对比色，能够展现少女的纯真活泼。搭配禁忌色：全身只有一种含灰驼色搭配黑白色，那样看上去色彩单调。

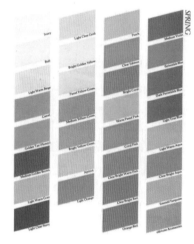

图4-1　春季型肤色　　　　　　　　图4-2　春季型肤色的服饰色彩

（2）夏季型肤色

夏季型肤色呈现柔和的米色、小麦色、健康色，属于冷色系里的轻型人（图4-3）。

①楚楚动人的服饰配色（图4-4）：以蓝色、象牙白、月亮黄为主色，色调明亮以体现透明的感觉。楚楚动人型适合较为温和的年轻女性，给人平易近人的印象。搭配禁忌色：过于鲜艳的暖色会使夏季型人看起来土气。

②轻盈伶俐的服饰配色（图4-4）：以白色、淡紫色、浅绿色为主色，色调淡弱体现轻盈感。轻盈伶俐型适合较为年轻的女性，给人以透明、纯洁的印象。搭配禁忌色：大量的无彩色会使整体色彩显得暗淡，失去光彩。

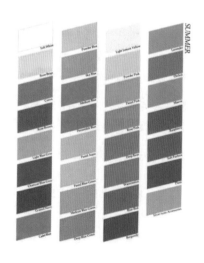

图4-3　夏季型肤色　　　　　　　　图4-4　夏季型肤色的服饰色彩

（3）秋季型肤色

秋季型肤色呈现褐色、土褐色、金褐色，属于暖色系里的重型人（图4-5）。

①温婉柔和的服饰配色（图4-6）：以棕色、粉红色、苔绿色为主色，色调微浊以体现柔和的感觉。温婉柔和型适合较为温顺的传统女性，给人平易近人的印象。搭配禁忌色：过于强烈的对比色会抢走面部的成熟魅力。

②优雅熟女的服饰配色（图4-6）：以酒红色、紫红色、金色为主色，色调浓厚体现成熟魅力。优雅熟女型适合较为成熟妩媚女性，给人优雅大气的印象。搭配禁忌色：大量的无彩色会使整体色彩显得暗淡，呆板无趣。

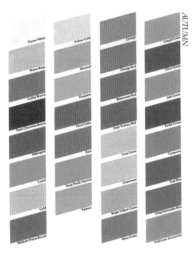

图4-5 秋季型肤色　　　　　图4-6 秋季型肤色的服饰色彩

（4）冬季型肤色

冬季型肤色呈现冷白色；发青的褐色、偏黑的黄色，属于冷色系里的重型人（图4-7）。

①低调华丽的服饰配色（图4-8）：适合纯色，以红紫色、红色、黑色为主色，黑色是冬季型肤色的最佳选择。低调华丽型适合较为大气成熟的传统女性，给人美艳华丽的印象。搭配禁忌色：冬季人肤色暗淡无光，如果搭配暗浊色会更加没有精神。

②酷感十足的服饰配色（图4-8）：以宝蓝色、黑色、紫色为主色，用纯色扮出冷峻惊艳的形象，呈现冷酷魅力。酷感十足型适合个性独立的女性，给人利落硬朗的印象。搭配禁忌色：大量咖啡色、暖米色等色彩会违背"冷"调，使肤色呈现病黄色。

4.2　个人专属的服装配色

服装色彩虽然要以色彩学的基本原理为基础，然而，它毕竟不是纯粹的造型艺术作品，服装色彩与美术作品的色彩也有明显的区别，服饰色彩搭配有其特殊性。

4.2.1　服装色彩的个性与共性

服装色彩首先要以人的形象为依据（图4-9）。因此，服饰形象色彩必须"因人而异"

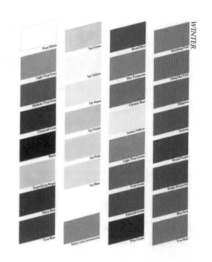

图4-7　冬季型肤色　　　　　图4-8　冬季型肤色的服饰色彩

"因款式而异"。同时，服装色彩不仅要注意其个性，也要照顾其共性，即流行性。大众接纳才会流行，这样才能更好地体现服装的经济价值和社会意义。

对色彩心理的研究，我们主要从不同的性别、年龄及性格来进行分析。

（1）不同性别对色彩的喜好

英国纽卡斯尔大学教授阿妮娅·赫尔伯特研究小组进行颜色比对测试，共有208人参加，结果表明，不论是英国人还是中国人，在选择颜色时都体现出性别差异，男性喜欢淡蓝色，而女性喜欢近于淡紫色的粉色，不过对蓝色也较有好感。赫尔伯特教授认为，不论颜色喜好存在性别差异的潜在原因是什么，实验结果说明这应该是生理原因而非文化的影响。美国出版的《现代生物学》刊载研究报告推测这与基因有关，是人与生俱来的一种本能。

图4-9　服装色彩的个人形象

（2）不同年龄对色彩的喜好

色彩是孩子童年的一部分，因为色彩是孩子首先能区分客观事物的特征之一。孩子们喜欢颜色并迷恋着它，尤其喜欢艳丽的颜色。很多权威研究证实，孩子对色彩的偏爱会随年龄增长而改变。十岁前很多孩子喜欢红色（或者玫瑰色）和黄色，而十岁后他们开始喜欢蓝色，这是与孩子们的成长及可以体会各种情绪细微差别的能力有关。

成年人对色彩的偏好与性格有很大关系，对色彩的选择甚至还可以透露现在的情绪是快乐还是忧伤。高纯度色彩一般情况下适合青年人，象征着青年人的体貌气质，代表着他们热情的、丰满的心理。中纯度色彩适合中年人，象征着中年人的年龄体貌精力，代表着中年人沉着坚定而向上的精神与心理。低纯度色彩适合老年人，代表着老年人的年龄体貌与沉静的心理。

（3）不同性格对色彩的喜好

据心理学家研究表明，不同性格特征的人所表现对色彩的喜好也有差异。

①偏爱红色者：活泼、热情、大胆、新潮，对流行资讯感应敏锐，是容易感情用事的人；有强烈的感情需求，希望获得伴侣慰藉。缺点是浮夸、吹嘘，注重外表修饰，有追求物质欲望的倾向。

②偏爱绿色者：为人严谨、安分、做事稳重，是值得信任的坚实派人物，感性方面较缺乏，经常不苟言笑，有耐心及实践能力，坚韧、认真、凡事按部就班，金钱使用也颇有计划性，能在稳定中发展事业。

③偏爱黄色者：个性积极、喜爱冒险，乐观、爽朗、喜欢结交朋友，是达观、乐天的社交型人物。

④偏爱紫色者：谨言慎行，喜怒不形于色，许多内心的想法都深藏着不愿表露出来。姿态优雅、富有神秘气质、不擅长交际，给人冷漠、高傲的感觉；喜欢思索，很会压抑、控制自己的情感。

⑤偏爱蓝色者：态度明朗、诚实，处事方式偏向中庸；做事颇有弹性，留有回旋余地。

⑥偏爱黑色者：与紫色略为相似，性格内向，心态阴郁，喜欢独行独往，希望保持独特的个人活动空间。

⑦偏爱白色者：个性开朗、单纯，泾渭分明，喜欢表露；生活中爱清洁，家居布置宽敞明亮，讲究个性特点。

⑧偏爱灰色者：缺乏毅力，性格怯懦、胆小，凡事依赖他人，没有自己的主见，容易受别人影响改变已经决定或承诺的事情。

4.2.2 服装色彩的民族性

服装色彩还要考虑色彩的民族性。各民族服饰色彩体现出不同的风格特点，给人以不同的审美感受，中国少数民族服饰色彩艳丽而协调，图纹繁多又不显紊乱，运用织、绣、挑、染等工艺，显示出特有的艺术才华及审美心理，成为各民族表达审美情感和审美理想的有力工具（图4-10）。譬如，独龙族的服装给人以简朴粗犷的印象；苗族、瑶族、布依族等民族服饰做工精细，色彩艳丽，极富装饰意味，多使用黄、红、蓝、绿、白等对比强烈的色彩。

许多国家和民族在其历史的发展过程中，逐渐形成了一定的色彩禁忌，这是由于对色彩象征意义认识的不同而引起的。

（1）美国

美国多数人喜欢鲜艳的色彩。少女着装喜欢红色、朱红色，西南部地区男女老少均喜欢青靛蓝色。

（2）俄罗斯

俄罗斯人最偏爱的颜色是红色，常把红色与自己喜爱的人和事物联系在一起。白色表示纯洁、温柔，绿色代表和平、希望，粉红色是青春的象征，蓝色表示忠贞和信任，黄色象征幸福和谐，紫色代表威严与高贵，黑色是肃穆和不祥的象征。

（3）法国

法国人较喜欢红、黄、蓝。他们视鲜艳色彩为时髦、华丽、高贵。在法国东部流行男孩

图4-10　服装色彩的民族性

穿蓝色衣服、少女穿粉红色衣服。

（4）英国

英国人喜欢淡雅色彩，但对绿色比较反感。

（5）土耳其

土耳其人一般喜好鲜明色彩，代表国家的红色和白色也比较流行。同时也爱好带有宗教意味的绿色。

（6）叙利亚

叙利亚人最爱好青蓝色，其次是绿色和红色。他们把黄色象征死亡，平时忌用。

（7）古巴

古巴人受美国影响很大，对色彩的喜爱与美国类似。因此，一般居民喜欢鲜明的色彩。

（8）巴西

巴西人对红色有好感。认为紫色表示悲伤，黄色表示绝望，这两种色彩配在一起会引起恶兆，还认为暗茶色表示将要遭到不幸。

（9）阿根廷

阿根廷商业流行的包装主要颜色是黄色、绿色、红色三种。黑色、紫色、紫褐色要避免使用。

（10）秘鲁

秘鲁人喜欢鲜明的色彩，红色、紫色、黄色备受喜爱。其中紫色是10月份举行宗教仪式使用的颜色，平时避免使用。

（11）厄瓜多尔

厄瓜多尔对衣饰色彩十分注重。譬如，在凉爽的高原地区人们喜欢暗色，而在炎热的沿海地带人们喜欢白色和明朗的色彩。

（12）墨西哥

代表国家的红色、白色、绿色被墨西哥人广泛使用于各种装饰。

（13）巴拉圭

巴拉圭人普遍喜欢明朗的色彩。

（14）哥伦比亚

哥伦比亚人喜好红色、蓝色、黄色。

（15）委内瑞拉

委内瑞拉人对色彩很有讲究，国旗为黄、红、蓝三色，是他们喜爱的颜色。

4.2.3 服装的习惯配色

服饰形象色彩不仅要具有艺术性，还要考虑其习惯配色。各个行业的职业制服颜色不一样，有特殊要求，如医生、护士、食品工作人员和企业的化验人员等，基本上都穿白色或淡蓝色的工作服，给人以清洁卫生的感觉（图4-11）。

图4-11 服装习惯配色

此外，在习惯上，上装的色彩明度比下装的裤和裙的明度稍微高一些，特别是衬衫，多用白色或浅色。人们对衣着用的服装设计配色要求是：春装采用浅色，即明度高、纯度低；夏装采用更浅的冷色调，例如白色，给人以凉爽的感觉；秋装色彩又转深一些，明度低些，纯度可高些；冬装色彩要求更暗的深色，多选择具有暖和感觉的色彩。

4.2.4 服装的环境色

服装是流动的艺术，会随着人的活动进入各种场所，所以与环境色的协调也是服装色彩必须注意的。一个人的服装颜色必须与周围环境与气氛相吻合、协调，才能显示其魅力。

（1）职业服装色彩（图4-12）

参加正规会议或业务谈判时，服装的颜色以庄重、素雅的色调为佳，可显得精明能干而又稳重，与周围工作环境和气氛相适应。

（2）运动服装色彩（图4-13）

参加野外活动或体育比赛时，服装的颜色应鲜艳一点，给人以热烈、振奋的美感。

（3）休闲服装色彩（图4-14）

休闲时服装的颜色可以轻松活泼一些，居家服式样则宽大随意些，可增加家庭的温馨感。

图4-12　职业服装色彩　　　　　图4-13　运动服装色彩　　　　　图4-14　休闲服装色彩

4.3　服装色彩搭配方法与技巧

有些人总认为色彩堆砌越多，越"丰富多彩"。集五色于一身，遍体罗绮，镶金挂银，其实效果并不好。"色不在多，和谐则美"，正确的配色方法，应该是选择一两个系列的颜色，以此为主色调，占据服饰的大面积，其他少量的颜色为辅，作为对比、衬托或用来点缀装饰重点部位，如腰带、丝巾、包袋等服饰配件，以取得多样统一的和谐效果。因此，在一套服装的色彩设计中，色彩不宜过多，除印花面料的颜色以外，一般不要超过三种颜色，最多不要超过四五种颜色（图4-15）。

图4-15　服装色彩不宜过多

（1）服装色彩搭配方法

服装色彩搭配应该先定主色（全身的主要服装色彩占较大的面积，又称主基调），后配辅助色（亦称"搭配色"或"宾色"，指在服装中起到辅助作用的色彩，比主色面积小），最后选配点缀色（起到画龙点睛或调节作用的色彩，往往面积最小，处于显著位置但作用很大），以达到整体服装色彩搭配和谐美。

①上浅下深的色彩搭配方法：一般春夏季浅色为主，秋冬季深色为主（图4-16）。

②经典百搭色黑白灰调节搭配方法：如果找不到合适的颜色与彩色服装搭配，那就选择黑、白、灰来搭配，因为黑、白、灰是百搭色，是万能搭配色，可以与任何色彩搭配（图4-17）。其中，彩色与黑色的搭配视觉效果增添稳重感，尽显高贵、大气；彩色与白色的搭配视觉效果增加明快感，典雅而又清新；彩色与灰色的搭配视觉效果产生和谐感，是时尚的搭配。

图4-16　上浅下深的色彩搭配方法　　　　　图4-17　黑白灰调节搭配方法

③服装色彩与图案立体法：各种服装是依附于面料上的，随着面料做成的服装穿着于人体上以后，服装色彩就从平面状态变成了立体状态。因此，进行服饰色彩搭配时，不仅要考虑色彩的平面效果，更应从立体效果考虑穿着以后两侧及背面的色彩处理，并注意每个角度的视觉平衡（图4-18）。

④点缀色搭配方法：搭配的点缀色应当是鲜明的、醒目的颜色，但是注意要少而精，衬托或点缀在重点装饰部位，起到画龙点睛的作用（图4-19）。点缀色可以用在腰带、胸花、丝巾等服饰配件上，例如米色风衣可以搭配一些鲜明的丝巾或者胸花。

（2）服装色彩搭配技巧

①全身色彩要有明确的基调，主要色彩应占较大的面积，要有深浅搭配，并要有介于两者之间的中间色。

②全身大面积的色彩一般不宜超过三种。如穿花连衣裙或花裙子时，背包与鞋的色彩最好在裙子的颜色中选择，如果增加异色，会产生凌乱的感觉。

图4-18　服装色彩与图案的立体法

③服装上的点缀应当鲜明、醒目、少而精，

图4-19 点缀色搭配方法

起到画龙点睛的作用，一般用于各种胸花、发夹、纱巾、徽章及附件上。

④黑、白、灰百搭色可与任何色彩搭配。配白色，增加明快感；配黑色，增添稳重感；配金色，具有华丽感；配银色，产生和谐感。

4.4 职场服装色彩搭配

（1）职场服装色彩视觉效果

在办公场所，幽雅、安静的氛围，服装色彩搭配应展现时尚、稳重、干练与睿智，搭配统一、和谐。

（2）职场服装色彩搭配技巧

经典色黑白灰搭配有彩色（图4-20）；上浅下深的服装色彩搭配方法，春夏季浅色为主，秋冬季深色为主。

图4-20 职场服装色彩搭配

4.5　休闲服装色彩搭配

（1）休闲服装色彩视觉效果

在运动、户外郊游、朋友聚会、逛街等场合，服装色彩搭配应展现活泼的个性，色彩效果情感丰富。

（2）休闲服装色彩搭配技巧

休闲服装色彩搭配先定主色，再配辅助色，最后选点缀色，注意配色和谐，色彩效果情感丰富（图4-21）。

图4-21　休闲服装色彩搭配

4.6　任务实施

完成个人专属的服装色彩搭配的两个子任务：职场服装色彩搭配（图4-22）、休闲服装

图4-22　学生创新作品：职场服装色彩搭配（指导教师：张虹）

色彩搭配（图4-23），掌握职场服装色彩搭配技巧、休闲服装色彩搭配技巧。

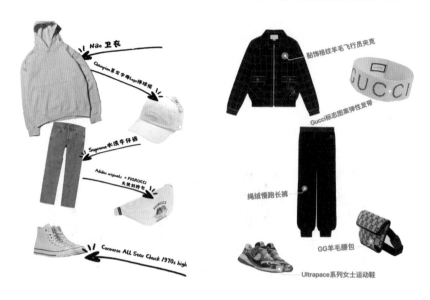

图4-23　学生创新作品：休闲服装色彩搭配（指导教师：张虹）

项目二　服装图案选配

任务5　服装流行色彩调研与图案采集

【任务内容】

1. 常用色与流行色
2. 中外图案鉴赏
3. 服装图案印染工艺
4. 服装流行色彩调研与图案采集

【任务目标】

1. 认识常用色与流行色
2. 了解中国传统图案、现代经典图案
3. 了解服装图案印染工艺
4. 掌握服装流行色彩与图案采集方法

5.1　任务导入：常用色与流行色

与社会上流行的事物一样，流行色是一种社会心理产物，它是某个时期人们对某几种色彩产生共同美感的心理反应。所谓流行色，就是指某个时期内人们的共同爱好，带有倾向性的色彩。对流行色的学习，重在把握色彩运用发展的基本规律，因势利导。

（1）常用色

世界各国和各个民族，由于种种原因都有自己爱好的传统色彩和长期习惯使用的基本色彩，这些色彩适应性广，使用时间长，有些色彩多年保持不变，这些色彩我们称为"常用色"。如欧洲人习惯用的棕色，而中国人的服装持久使用大红色、深红色，此外，如黑色、白色、灰色、卡其色、藏青色等色彩在服装中的使用率也比较高（图5-1）。如果不考虑服装流行色的影响，服装常用基本色使用率排序依次是蓝色、黑色、白色、卡其色、灰色、红色。以上六个色系的使用率为：春夏上装68.6%、春夏下装81%、秋冬上装77.6%、秋冬下装91.2%，平均使用率为79.8%。

图5-1　中国服装的常用色

常用色不是绝对不变的，从色彩组合的需要出发，当不同的流行趋势到来时，常用色也需要调整色彩倾向，以适应新的色彩面貌。

（2）流行色

流行色（Fashion Colour），意为合乎时代风尚的颜色，即时髦色、时兴色。流行色是指在一定的时期和地区内，被大多数人所喜爱或采纳的几种或几组时髦的色彩。这里值得注意，流行色不是一种色彩或一种色调，它常常是几种色彩或几组色彩及色调，或称"色群"。

流行色是在一种社会观念指导下，一种或数种色相和色组迅速传播并盛行一时的现象。流行色之所以流行，是由它自身的特性所决定的，它具有时代性、社会性、自然环境特性、民族特性、季节特性。在服饰、纺织、家具、室内装饰等多方面的产品中，普遍存在流行色，但是最为敏感、最为典型、最具诱惑力的首先是服饰和纺织产品，因为它们的流行周期最为短暂，变化又最快。

流行色预测的依据大体有三个方面：一是靠市场调研（群众基础）；二是根据自然环境来分析（现实生活及当地传统文化）；三是根据流行色的演变规律来分析预测。

国际上最具有权威性的研究纺织品及服饰流行色的专门机构"国际时装与纺织品流行色委员会"成立于1963年，主要研究和预测18个月后的流行色，供参加国作为设计参考。该国际流行色协会由法国、瑞士、日本发起而成立，总部设在法国巴黎，我国是于1983年2月正式加入该协会组织的，当时亚洲成员国只有日本和中国。除此之外，国际纺织品展览会和服装展览会、中国纺织品流行色调研中心和流行色协会也作流行色的预测。

5.2 中外图案鉴赏

5.2.1 中国传统图案

（1）吉祥图案

中国传统文化之中"吉祥"可谓是人们熟知且十分喜爱的字眼。在传统文化中以吉祥为主体的词句、对联等尤为丰富，譬如"金玉满堂""三阳开泰""吉星高照""五世其昌""丹凤呈祥龙献瑞，红桃贺岁杏迎春"……无不含有特定的寓意与吉祥之意。但最为突出的是造型多样的吉祥图案，不仅表达了人们对幸福、美好生活的憧憬，亦兼具装饰功能。

具有美好愿望亦吉祥意境的传统图案古已有之，具有悠久的历史渊源、丰富的传统文化内涵、浓郁的民间特色，是中华民族向往自由、追求美好生活、寓意吉祥的图案，许多吉祥图案在当今仍被广泛使用。对于传统图案我们既要有所继承，又要有所扬弃地应用到现代服装图案设计中。对于有些象征意义大为减弱或基本消失的吉祥图案，如龙纹、宝相花等图案，其昔日所具有的宗教、阶层的象征意义已不再重要，而在现代服装图案设计中更多的是被当作装饰功能的图案来使用。在许多情况下，服装设计师借助中国传统图案来表征吉祥意义，同时也能够传播中国优秀传统文化（表5-1）。

表5-1　中国吉祥图案意义表征

中国传统文化意义表征			吉祥图案	意 义
分类		列举		
自然事物	动物	飞禽	龙凤、喜鹊、蝙蝠	龙凤呈祥、凤穿牡丹、喜上眉（梅）梢、五福（蝠）捧寿、福（蝠）在眼	祈喜、祈寿、祈福
		走兽	十二生肖、麒麟、象	三阳（羊）开泰、麒麟献瑞、吉祥（象）如意、娃戏虎	祈福、辟邪
			猛兽、怪兽	饕餮纹（兽面纹）、夔龙纹、蟠螭纹	威慑、神秘、力量
		昆虫	蝉、蝎子、蝴蝶、蝈蝈	蝉纹、耄（猫）耋（蝶）富贵、蝈蝈白菜	祈福
		水族	鲤鱼、龟、螃蟹	鱼纹、龟背纹	祈福、纳吉、辟邪
	植物		葫芦、莲花、荷花、海棠、芙蓉、牡丹	瓜瓞绵绵、榴开百子、连（莲）生贵子、福禄双喜	祈福、祈子嗣、清廉、富贵祥瑞
	自然景观		山川	寿石、山纹	祈寿
			日月星辰云	云雷纹、祥云、吉星锦	祈福
	抽象概念	时间	春、夏、秋、冬	梅、兰、竹、菊、松	君子德行
		方位	东、南、西、北	青龙、白虎、朱雀、玄武	神祇崇拜
人文事物	人文	神话与文学	盘古开天、女娲补天、三国演义、封神演义	刘海戏金蟾、八仙、天仙送子	祈福、祈子嗣
		宗教	风水、轮回、阴阳、道	阴阳太极图	宗教信仰
		社会礼制	男女之分、长幼之序	双喜、福禄寿喜	祈喜、祈寿、祈禄、伦理教化
	人工物	受自然启发而创作的纹样	指纹、绳、席、水波	绳纹、席纹、漩涡纹	装饰
		器物	琴、棋、书、画、兵器	八吉祥（八种佛教法物：法螺、法轮、宝伞、白盖、莲花、宝瓶、金鱼、盘长）、宝剑、戟	祈福、纳吉、辟邪

（2）刺绣图案

享誉世界的中国四大名绣指的是江苏苏绣、湖南湘绣、广东粤绣、四川蜀绣，它们是中国刺绣的突出代表。其中，苏绣以精细素雅著称于世（图5-2）；湘绣吸收苏绣和其他刺绣的优长处，色彩丰富饱满，色调和谐（图5-3）；粤绣构图饱满，繁而不乱，装饰性强，色彩浓郁鲜艳（图5-4）；蜀绣则以软缎和彩丝为主要原料，充分发挥了手绣的特长，具有浓厚的地方风格（图5-5）。刺绣图案表现的内容非常丰富，花卉、鱼虫、鸟兽、人物、文字等。

（3）蜡染、扎染图案

蜡缬（蜡染）、绞缬（扎染）、夹缬（镂空印花）并称为我国古代三大印花技艺。在这里主要介绍一下蜡染与扎染。

图5-2 苏绣

图5-3 湘绣

图5-4 粤绣

图5-5 蜀绣

①蜡染古称蜡缬，是我国古老的少数民族民间传统纺织印染手工艺，贵州、云南的苗族、布依族等民族擅长蜡染。蜡染是用蜡刀蘸熔蜡绘花于布后以蓝靛浸染，既染去蜡，布面就呈现出蓝底白花或白底蓝花的多种图案，同时，在浸染中作为防染剂的蜡自然龟裂，使布面呈现特殊的"冰纹"，尤具魅力（图5-6）。由于蜡染图案丰富，色调素雅，风格独特，用于制作服装服饰和各种生活实用品，显得朴实大方、清新悦目，富有民族特色。2018年5月21日，蜡染入选第一批国家传统工艺振兴目录。

②扎染古称绞缬、扎缬和染缬，是中国民间传统一种独特的染色工艺。织物在染色时部分结扎起来使之不能着色，是中国传统的手工染色技术之一。扎染工艺分为扎结和染色两部分。它是通过纱、线、绳等工具，对织物进行扎、缝、缚、缀、夹等多种形式组合后进行染色，其工艺特点是用线在被印染的织物打绞成结后，再进行印染，最后把打绞成结的线拆除（图5-7）。扎染有一百多种变化技法，各有特色，如"卷上绞"，晕色丰富，变化自然，趣味无穷。更使人惊奇的是扎结每种花，即使有成千上万朵，染出后却不会有相同的出现，这种独特的艺术效果，是机械印染工艺难以达到的。

图5-6　蜡染图案　　　　　　　　图5-7　扎染图案

（4）书画图案

书画是书法和绘画的总称，也称字画，尤指中国传统以墨为主作画，并辅以书法题字，因此两者经常并称（图5-8）。电影《影》呈现的黑白灰画风正是受中国水墨画的影响，雾状泼墨式风格的造型令电影获得第55届电影金马奖最佳视觉效果、最佳美术设计、最佳造型设计（图5-9），其服装让我们领略了中国水墨画的云雾山水别样的韵味（图5-10）。

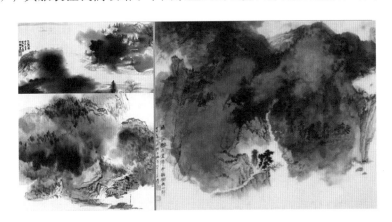

图5-8　中国水墨画

图5-9　水墨画风的服装　　　　　图5-10　服装上的水墨画效果

图5-11　青花瓷颁奖礼服

（5）青花瓷图案

北京奥运会的成功举办对中国经济和人民生活带来的巨大影响仍在继续，奥运会上的青花瓷颁奖礼服也让大家记忆犹新（图5-11）。北京奥运是中国向世界展示中国文化最好的窗口，如果要寻找一种最能体现中华民族文化与艺术的物质载体，那么非陶瓷莫属，而青花瓷又是中国陶瓷里最经典、最有代表性的。青花瓷的气质细腻、优雅，与中国女性的美相得益彰。2007年5月北京奥组委征集奥运会颁奖礼服的设计方案，随后由中国服装设计师协会组织了中国最优秀的设计师们成立创意团队进行奥运会的一系列设计工作，其中刘薇率先将"青花瓷"元素的原创设计运用到颁奖礼服中，清丽脱俗的理念很快被接受采纳，随后经过层层建议，最终在多位设计师的共同努力下逐渐完善。

5.2.2　现代经典图案

（1）波普图案（图5-12）

波普风格（Pop Style）是一种流行风格，它以一种艺术表现形式在20世纪50年代中期诞生于英国，又称"新写实主义"和"新达达主义"，它反对一切虚无主义思想，通过塑造那些夸张的、视觉感强的、比现实生活更典型的形象来表达一种实实在在的写实主义。波普艺术最主要的表现形式就是取自大众传媒流行的、大众喜闻乐见的图案，如国旗、人物头像、卡通图像等。有不少国际服饰品牌将品牌标志（LOGO）作为基本元素重复排列为流行图案，如GUCCI、LV、CHANEL、Coach等也属于波普图案。

（2）欧普图案（图5-13）

欧普艺术（OP Art）是精心计算的视觉艺术，使用明亮的色彩，造成刺眼的颤动效果，达到视觉上的亢奋。欧普艺术运动诞生后，视觉错觉才被认可为一种艺术形式。1964年，《时代》杂志赋予了"欧普艺术"这一术语。在欧普艺术影响下的服饰图案设计以视幻感为最大特点，按照一定的规律形成视觉上的动感。

图5-12　波普图案

图5-13　欧普图案

（3）杜飞图案（图5-14）

劳尔·杜飞（RaoulDufy）是一位法国画家，早期作品先后受印象派和立体派影响，终以野兽派的作品著名，其作品色彩艳丽，装饰性强。他的绘画作品在挂毯、壁画、陶瓷和纺织品设计中被广泛采用。目前国际时装界通用的杜飞图案主要是指写意风景图案、抽象花卉图案，这种风格曾在20世纪50年代风行全球，如今再度流行于国际时装界。

（4）佩斯利纹样（图5-15）

佩斯利纹样（Paisley Pattern）诞生于古巴比伦，兴盛于波斯和印度。佩斯利纹多采用菩提树叶或海枣树叶，而这两种树具有"生命之树"的象征意义，也有人从芒果、切开的无花果、松球上找到它们的影子，似乎与"一千零一夜"神话有着千丝万缕的关系，因此，这种图案具有一定的神话色彩。佩斯利纹样也称为佩兹利图案，是由涡线构成，故而也被称为涡旋图案，在我国又被称为火腿纹样，在日本称为勾玉或曲玉纹样，非洲也有人称为芒果纹样或腰果纹样，它最适合于表现古典形式而成为最受宠爱的纹样。

图5-14 杜飞图案

图5-15 佩斯利纹样

（5）千鸟格（图5-16）

千鸟格（Houd's Tooth）起源于威尔士王子格，也称为格伦格，自温莎公爵穿着以来，这种粗花呢图案在19~20世纪一直受到英国贵族的喜爱。千鸟格曾被称作"犬牙花纹""狗牙花纹"和"鸡爪纹"。而最早让千鸟格登上时尚舞台并成为高尚雅致图案的是克里斯汀·迪奥（Christian Dior），1948年迪奥先生将优化组合后的犬牙花纹用在了香水的包装盒上，因为图案像许许多多的小鸟展翅飞翔，千鸟形容其多，所以给了它一个足以流芳百世的名字——"千鸟格"。如今，千鸟格纹面料是走在时尚潮流尖端的流行面料，是高档服饰经典图案，和方格纹有着姊妹风情的千鸟格纹是一种经典流行图案。

图5-16 千鸟格

（6）苏格兰格纹（图5-17）

苏格兰格纹历史悠久，在欧美纺织界有这样的说法："苏格兰格子等于一部大英帝国的历史"。在现代服装设计的舞台上，苏格兰格子是最为常用的设计元素之一，而且运用的形式与手法也越来越丰富，风格日趋多样化。

图5-17　苏格兰格纹

图5-18　巴宝莉格纹

（7）巴宝莉格纹（图5-18）

巴宝莉（Burberry）是极具英国传统风格的奢侈品牌，创办于1856年，是英国皇室御用品牌，强调英国传统高贵的设计，知名度享誉全球。巴宝莉主要以生产雨衣、伞具及丝巾为主，1924年巴宝莉创始人托马斯·巴宝莉（Thomas Burberry）将苏格兰格运用于风雨衣中由此产生了巴宝莉格纹。巴宝莉格纹（Burberry Check Nova）是由米色、红色、骆驼色、黑色和白色组成的经典格纹，1967年首次在伞、丝巾、披肩和提包等衬料以外的物件中广泛使用。巴宝莉格纹所表现的苏格兰格纹经过许多变化与创新，如今，其多层次的产品系列满足了不同年龄和性别的消费者，是为人熟知的经典服饰图案。

5.3　服装图案印染工艺

（1）印花工艺

印花工艺是用染料或颜料在纺织物上施印花纹的工艺过程。印花有织物印花、毛条印花和纱线印花之分，而以织物印花为主。

①平网印花：印花模具是固定在方形架上并具有镂空花纹的涤纶或锦纶筛网（花版）。花版上花纹处可以透过色浆，无花纹处则以高分子膜层封闭网眼。印花时，花版紧压织物，花版上盛色浆，用刮刀往复刮压，使色浆透过花纹到达织物表面。平网印花生产效益低，但适应性广，应用灵活，适合小批量多品种的生产。

②圆网印花：印花模具是具有镂空花纹的圆筒状镍皮筛网，按一定顺序安装在循环运行的橡胶导带上方，并能与导带同步转动。印花时，色浆输入网内，贮留在网底，圆网随导带转动时，紧压在网底的刮刀与花网发生相对刮压，色浆透过网上花纹到达织物表面。圆网印花属于连续加工，生产效率高，兼具滚筒和平网印花的优点，但是在花纹精细度和印花色泽选择及浓艳度上还有一定局限性。

（2）提花工艺

面料织造时用经纬组织变化形成图案，纱支精细，对原料棉要求极高。可分为机织提花、经编提花和纬编提花。纬编提花横、纵向拉的时候有很好的弹性，经编提花和机织提花横、纵向拉是没有弹性的。

（3）数码印花

数码印花是用数码技术进行的印花。数码印花技术是随着计算机技术不断发展而逐渐形成的一种集机械、计算机电子信息技术为一体的高新技术产品。数码印花的工作原理基本与喷墨打印机相同，而喷墨打印技术可追溯到1884年。这项技术的出现与不断完善，给纺织印染行业带来了一个全新的概念，其先进的生产原理及手段，给纺织印染带来了一个前所未有的发展机遇。

（4）手工绘制

①刺绣：刺绣是中国民间传统手工艺之一，在中国至少有二三千年历史，用针将丝线或其他纤维、纱线以一定图案和色彩在绣料上穿刺，是一种用针线在织物上设计和绣制装饰图案的艺术。刺绣是以绣迹构成花纹的生活和艺术装饰织物，如服装、床上用品、台布、舞台、艺术品装饰。主要技法有：错针绣、乱针绣、网绣、满地绣、锁丝、纳丝、纳锦、平金、影金、盘金、铺绒、刮绒、戳纱、洒线、挑花等，又分丝线刺绣和羽毛刺绣两种。

②珠绣：珠绣工艺是在中国刺绣基础上发展而来，起源于唐朝，鼎盛于明清时期。珠绣主要有珍珠绣、玻璃珠绣等，在专用的米格布上根据抽象图案或几何图案，把多种色彩的珠粒经过专业绣工纯手工精制而成。现代珠绣既有时尚、潮流的欧美浪漫风格，又有典雅、底蕴深醇的东方文化和民族魅力。

③手绘：在服饰上作画的手绘效果和印花有点相似，但更加灵动和自由。手绘是用干透之后不溶于水的纺织颜料在织物上绘画，如今已经开始广泛应用在各种面料甚至牛仔、雪纺上。

5.4 任务实施

通过服装流行色彩调研与图案采集，将当季服装的流行色彩与图案进行采集与提炼，并应用于服装搭配中（图5-19~图5-22），掌握服装流行色彩与图案采集方法。

图5-19 学生创新作品：春季服装色彩与图案的采集与提炼（指导教师：张虹）

图5-20 学生创新作品：夏季服装色彩与图案的采集与提炼（指导教师：张虹）

图5-21 学生创新作品：秋季服装色彩与图案的采集与提炼（指导教师：张虹）

图5-22 学生创新作品：冬季服装色彩与图案的采集与提炼（指导教师：张虹）

任务6 服装图案的选配与装饰

【任务内容】

1. 服装图案的实用性与装饰性
2. 图案的基本构成形式
3. 服装图案装饰的表现形式

【任务目标】

1. 了解服装图案的实用性与装饰性
2. 掌握图案基本构成形式
3. 掌握服装图案装饰的表现形式

6.1 任务导入：服装图案的实用性与装饰性

服装图案是实用性和装饰性完美结合的设计图案（图6-1）。服装图案设计分为广义图案设计和狭义图案设计。广义图案设计主要是追求图案的实用性和形式美感，能够映射出穿着者的精神风貌和审美意识；狭义图案设计主要是追求形式美，能够随着时代的变迁而不断变化，也能引导人们的心理感受。

图6-1 服装图案

图案是在生产生活实践中自然产生的，对于服装的装饰美化效果不容忽视，还含有美好的寓意。精美的图案不仅使人喜爱，也让服装增值不少，比如一件带有精美刺绣的牛仔服，它的销售价格往往高于没有图案的普通牛仔服。

随着社会时代的发展和进步，服装图案设计也有了一定的变化，主要是通过工艺、结构、内容和风格四个方面着手。在制作工艺和表现形式上存在着显著的特征，通过织、染、绣、印等工艺的表现，产生一定的形式和内容。而服装图案的质感、触感和风格对服装设计有着重要作用，也成为服装图案设计的难点。

（1）工艺

服装图案的制作工艺包括印花、绣花、钉珠、手绘、喷色等，起着修饰服装的作用。

（2）结构

图案从结构构成上可分为独立图案和连续图案。独立图案是指独立存在的装饰图案，有着强化和画龙点睛的作用；连续图案是以纹样做重复排列而形成的，大面积地组合应用连续图案，可以产生服装整体设计和谐统一的效果。

（3）内容

图案根据内容可分为人物、风景、花卉、植物、动物、几何、抽象等类型。

（4）风格

服饰图案风格可分为古典、民族和现代等风格。古典风格的图案强调传统沉稳的色调搭配；民族风格的图案突出地域文化特色；现代风格的图案能够传达简约、时尚的内涵，充分体现对比鲜明的色彩和造型搭配。

6.2 图案的基本构成形式

在现代服装设计中，图案设计重点在于装饰纹样与构成形式的协调。图案的基本构成形式可以分为：单独纹样、角隅纹样、连续纹饰、适合纹样等。

6.2.1 单独纹样

单独纹样是一种不受限制而能独立装饰的基本单位纹样，它是角隅纹样、连续纹样及适合纹样的构成基础。其特点是不受外形限制，形象自由活泼，有对称式与均衡式两种基本构成形式。

（1）对称式（图6-2）

对称式也称均齐式，其表现形式分为绝对对称与相对对称。对称式是以中心线为中轴线左右或上下或周围配置同形、同量、同色的纹样所组成的图案，如上下对称、左右对称、相对对称、相背对称、交叉对称、转换对称、多面对称等。其特点为结构整齐，比较平稳、安静、庄重，装饰性强。

（2）均衡式（图6-3）

均衡式也称平衡式，是在中心点或中轴线上采取不对称的组织形式，即上下、左右不受制约，不求对称，只求分量与空间的稳定，造型平稳，韵律感强。均衡式可分为上下均衡、相对均衡、交叉均衡、相背均衡、综合均衡、S形均衡等。其特点是不受对称轴或对称点的限制，结构较自由，使人感到生动新颖、千姿百态、自由舒畅。

图6-2 对称式图案

6.2.2　角隅纹样（图6-4）

角隅纹样也叫角花纹样，装饰在纺织品或服饰的一角、对角或四角上，如床单、台布、围裙、枕套上的边角装饰。角隅纹样本身也是独立完整的图案造型。

图6-3　均衡式图案　　　　　　　　　　　　　图6-4　角隅纹样

6.2.3　连续纹饰

连续纹饰是指以一个循环单位为基础，作重复连续地构图形式。图案的单位纹样在上下、左右方向进行连续、反复的构图形式，它具有适形图案构成的基本组织法则，进一步要求单位纹样之间，既相互呼应，又使整体布局存在有机的、承上启下的联系。连续纹饰在服装面料印染图案设计及家用纺织品图案设计的使用率最高，可分为二方连续和四方连续两种形式。

（1）二方连续（图6-5）

二方连续图案是以一个循环单位或者一个单独纹样为元素，向上下或左右两个方向作重复连续的单方向的排列，形成长条带状的重复连续图案，装饰在纺织品、服饰边缘，故而又称边饰纹样、边缘纹样、边框纹样。常见基本形式有水平式、交错式、单项式、垂直式、双向式、间隔式、三垂式、斜叉式、上下式、波折式、倾斜式、双合式共12种形式。

（2）四方连续（图6-6）

四方连续图案是在一个范围内以一个或者两个循环单位的纹样，向上下、左右四个方向重复排列，形成可以向外扩展延伸的、重复连续的构成形式。四方连续图案广泛应用于服装面料、丝巾、家纺等。

6.2.4　适合纹样（图6-7）

图案的适合构成形式特点是图案形态有一定的制约性、局限性。由于不同的几何形状的制

图6-5　二方连续（边饰纹样）

图6-6 四方连续

图6-7 适合纹样

约，适合纹样就是以适合于某种形体的适形图案，常见的图案构成形式有方形构成、圆形构成、三角形构成、多边形构成等。

6.3 服装图案装饰的表现形式

图案的应用范围在现代生活中被不断地拓展和延伸，不仅应用在传统工艺设计领域，还与时俱进地开拓了二维设计、服装设计、公共空间设计等更宽广的领域。图案装饰在现代服装艺术设计中的表现形式繁多，主要有图案的重复连续构成以及图案的变化与统一等。

（1）图案装饰的重复连续构成方法

图案的重复、连续构成在服装设计中的应用十分广泛。重复连续构成的图案在服装设计中的应用既可以表现在服装整体设计上的重复，如服装的格纹T恤、格纹中裙、格纹短裤、格纹外套等；也可以表现在服装局部图案纹饰上的重复，如服装的衣边图案装饰、领部图案装饰等。重复连续的图案构成使服装造型显得稳重、内敛、儒雅。

服装色彩设计元素的重复可以体现在服装整体效果的调和、统一上，具有规整和谐的形式美感。设计色彩的重复有单一色彩图案的重复，也有两种或多种色彩的图案重复，色彩重复的位置不同、用量不同，其效果也不一样。

（2）图案装饰的变化与统一形式法则

图案的变化与统一构成在现代服装设计中的应用是非常灵活的，变化较多就显得丰富，过于统一则显得单调，例如中山装应用直线的变化与统一，从而形成了稳重大方的效果；而西服在水平线与垂直线的设计应用中加入了斜线的设计元素，线型的对比变化更加丰富。西服与中山装相比，线的设计元素表现异多同少，但各自形成不同的设计风格。

在现代服装设计中，服装图案装饰表现形式应该注意：

①图案装饰要与服饰的款式风格相和谐：图案装饰的风格因服装款式而异，如民族服装的图案装饰朴实自然、灵活而随意；休闲服装的图案装饰轻松、自然、活泼；晚礼服的图案装饰典雅、高贵、华丽；儿童服的图案装饰天真、活泼、可爱。

②图案装饰要与现代服装特点相适应：服装图案装饰作为现代服装设计的重要组成部分，必须和服装的实用及美化功能、适用性能、大众审美心理、流行趋势相适应，与服装面

料及款式风格相适应，并随着时代的发展而变化。如中国商周时期的服饰图案简约、概括；隋唐时期的服饰图案富丽堂皇、清新活泼；宋代时期的服饰图案清秀淡雅；明清时期的服饰图案趋于写实精细；而现代的服饰图案日趋适体简约。服装图案形式多样，既有规范的写实图案，又有抽象的几何图案，同时还有传统的意象图案。

③服装图案装饰要注意装饰位置的布局：散点布局装饰常用于斑马纹、豹纹、迷彩纹（图6-8）；定位布局装饰常见在服装的领部、肩部、胸部、腰部、下摆以及背部等部位，一般作为局部定位图案装饰（图6-9）；环绕布局装饰是指装饰在服装衣身的前面与后面产生连续、相关联或者相呼应的图案，环绕布局使服装图案装饰富有立体感与趣味性（图6-10）。

④服装立体图案的装饰应用：立体图案是指在服装上的装饰具有立体感或者浮雕效果（图6-11），如利用面料制作立体胸花、蝴蝶结等圆雕效果；面料上镂空图案、盘花、纽扣等浮雕效果；鞋帽、首饰、腰带、手套、阳伞等也都属于立体图案范畴。

图6-8　散点布局装饰

图6-9　定位布局装饰

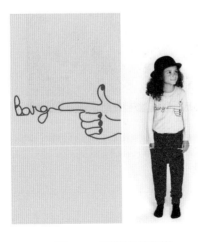

图6-10　环绕布局装饰

图6-11　服装立体图案

6.4 任务实施

依据图案装饰的变化与统一形式法则，完成图案的基本构成形式（图6-12~图6-15）；选择恰当的服装图案装饰表现形式，在服装上进行图案装饰设计（图6-16~图6-19），要求图案主题风格明确，图案造型具有美感。

图6-12 学生作品：单独纹样
（指导教师：张虹）

图6-13 学生作品：二方连续（指导教师：张虹）

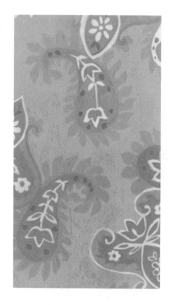

图6-14 学生作品：四方连续（指导教师：张虹）

图6-15 学生作品：适合纹样
（指导教师：张虹）

图6-16 学生创新作品：服装图案装饰设计（指导教师：张虹）

图6-17 学生创新作品：T恤图案装饰设计（指导教师：张虹）

图6-18 学生创新作品：T恤图案装饰设计（指导教师：张虹）

图6-19 学生创新作品：T恤图案装饰设计（指导教师：张虹）

项目三　服饰核心元素搭配

任务7　服装款式造型

【任务内容】
1. 服饰搭配核心元素
2. 服装廓型及特征
3. 服装款式搭配

【任务目标】
1. 熟悉服饰搭配核心元素
2. 熟悉服装廓型
3. 掌握服装款式搭配技巧

7.1　任务导入：服饰搭配核心元素

服装借助款式造型、色彩、图案纹饰、面料材质等元素创造出美的服饰外观形象，但是服装并非单纯的艺术欣赏品，最终要与人体结合形成服饰形象。服装是立体的艺术，在展示静态的同时，更多的是动态的表现，因为服装承载着的人体是活动的，即动态的，这是服装美与其他艺术美的不同之处。可以说，离开人体的服装是没有生命力的。服饰搭配不仅仅是服装及饰品的组合表现，更重要的是，服饰搭配美具有一定的相对性。因此，脱离了一定的环境和时间的背景，脱离了着装的主体，是不可能产生服饰搭配美。服饰搭配核心元素主要有廓型、色彩、材质、配饰风格、个人条件以及时间、地点、场合（表7–1）。

表7–1　服饰搭配核心元素

搭配元素	元素分析	
	核心元素	在服饰搭配中的作用
款式造型	廓型元素	服装的款式造型是构成服装外貌的主体内容，指的是服装的样式，主要包括廓型、造型的结构比例以及细节设计等因素，其中服装的廓型、色彩与面料材质最终都要通过服装样式表现出来
	色彩元素	色彩以及图案纹饰总能给人以先声夺人的第一印象
	材质元素	材质即服装的面辅料，即使是同样的款式，选择不同的面料会形成不同的风格效果

续表

搭配元素	元素分析	
	核心元素	在服饰搭配中的作用
配饰风格	配饰包括鞋、帽、包、首饰等一系列与服装风格相关联的元素	配饰搭配对服装主体起着烘托作用，服装与服饰配件之间的关系是相互依存而发展的，不可避免地要受到社会环境、流行趋势、风格、审美等诸多因素的影响。服饰配件在服饰中起到了重要的装饰作用，通过配件的造型、色彩、装饰等弥补了服装某些方面的不足，它使服装外观视觉形象与风格更为完整
个人条件	个人的形体、肤色、发色等相关生理特征	个人是服饰的载体，只有服饰适合于人体时，才能够真正体现和发挥形体本身的美，同时也美化与衬托穿着者
	穿着者的个性与审美趣味	性格直率：造型轮廓清晰，色彩鲜艳，服饰配件粗犷、有力量； 性格内向：款式普通，中性色为基调，明度较低； 个性豪放：随意性，不考虑细节装饰； 性情腼腆：穿着讲究、谨慎； 性格活泼：款式新潮，接受新款式、新样式； 性格沉稳：穿着谨慎，跟随普遍流行趋势
着装TPO原则	时间 （Time）	时间原则：男士有一套质地上乘的深色西装或中山装足以包打天下，而不同时段的着装规则对女士尤其重要。女士的着装要随着时间而变换：白天工作时，女士应穿着正式套装，以体现职业性；晚上出席鸡尾酒会就需多加一些修饰，如换一双高跟鞋、戴上有光泽的佩饰、围一条漂亮的丝巾。服装选择还要适合季节、气候的特点，保持与流行趋势同步
	地点 （Place）	地点原则：居家可以穿着舒适、整洁的居家服；在职场应穿着职业套装，显得专业性；外出时要顾及当地的传统和风俗习惯，如去教堂或寺庙等场所，不能穿过露或过短的服装
	场合 （Occasion）	场合原则：衣着要与场合协调。朋友聚会、逛街可以穿着休闲服；运动、郊游时适宜穿着轻便、舒适的运动服；出席正式会议、商务洽谈等，衣着应庄重考究；听音乐会或看芭蕾舞，按惯例则应穿着正装；出席正式宴会时，应穿着中国传统旗袍或西式长裙晚礼服，而如果以便装出席正式宴会，不但是对宴会主人的不尊重，也会令自己颇觉尴尬

我们已经学习服装色彩搭配（项目一）、服装图案选配（项目二），这些是服饰搭配元素中最为核心的款式造型之色彩、图案元素。接下来，我们对款式造型之服装廓型进行分析。

7.2 服装廓型及特征

服装的款式造型是构成服装外貌的主体内容，即服装样式。其中，服装的廓型是服装款式造型的第一要素。廓型设计和完成需要设计师赋予最大的注意和精力。克莉斯汀·迪奥曾在20世纪50年代推出一系列字母造型时装，分别用A、H、X等英文大写字母来比拟服装设计作品的廓型。

服装廓型是指服装正面或侧面的外轮廓线条，是决定服装整体造型的主要特征。主要有以下几类廓型分类表示法。

7.2.1 字母表示法

字母表示法是以英文字母形态表现服装廓型特征的方法。其中，A型、H型、T型、V型符合直线形廓型特征，而X型、O型、S型符合曲线形廓型特征，也包含特征鲜明的几何形态。

（1）A型（图7-1）

1955年克里斯汀·迪奥首创A型裙，腰部收紧，下摆宽松，呈现上小下大的三角形外部廓型。上衣和大衣以不收腰、宽下摆，或收腰、宽下摆为基本特征。上衣一般肩部较窄或裸肩，衣摆宽松肥大；裙子和裤子均以紧腰阔摆为特征。A型一般用于女装，使人产生华丽、飘逸的视觉感受，多适用于年轻女性，表现可爱的服装造型。

（2）H型（图7-2）

H型服装呈直筒状、宽腰式的廓型，它遮盖了胸、腰、臀等部位的曲线，能使服装与人体之间产生空间，在运动中隐见体型，呈现轻松飘逸的动态美，舒适、随意。上衣和大衣以不收腰，肩、腰、臀、下摆宽度大体上无明显差别为基本特征。裙子和裤子也以上下等宽的直筒状为特征。H型服装可掩盖许多体型上的缺点，并体现多种服装风格。

（3）T型（图7-3）

T型服装特征在于整体呈英文字母T字状，尤其在左右两臂张开伸平时效果最明显。上衣、大衣、连衣裙等以衣身呈直筒状、不收下摆的特征，不仅适合女装，更适合男装造型特征。T恤就是典型的T型服装廓型。

 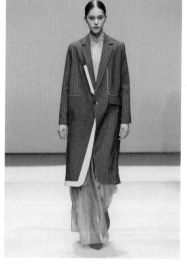 

图7-1　A型　　　　　　　　　图7-2　H型　　　　　　　　　图7-3　T型

（4）V型（图7-4）

V型服装以夸张、强调和修饰肩部、收紧下摆为主要特征，上宽下窄，呈倒三角形，故V型也可称倒三角型。V型服装与T型服装最大的区别在于V型服装肩部更为夸张且下摆收紧。

（5）X型（图7-5）

X型服装通过肩部、胸部和衣裙下摆做横向的夸张造型，使整体外形呈上下部分宽松夸

rrerrererrerrearerrerrearererrerearererrerearererrrearrerrrreattiteea

大、腰部收紧的造型特征。上衣和大衣以宽肩、收腰、扩大下摆为基本特征。裙子和裤子也以上下肥大、中间瘦窄为特征。X型服装与女性形体的优美曲线相吻合，可充分展示和强调女性魅力，显得富丽而活泼。因此，X型是现代女装的主要造型。

（6）O型（图7-6）

O型服装夸大腰部，强调肩部弯度以及下摆收口，使服装外轮廓出现不同弯度的弧线，呈灯笼形、橄榄形、茧形，整体风格圆润可爱。裙子（灯笼裙）和裤子（灯笼裤）也以下摆收口、外轮廓圆润弧线为基本特征。

图7-4　V型　　　　　　　　　图7-5　X型　　　　　　　　　图7-6　O型

（7）S型（图7-7）

S型服装最能体现人体的本来面貌，使一些接近于"理想体型"的人充分显露人体美。收腰、贴合身体曲线是S型主要特征，从侧面看外轮廓线条呈S形，充分显示女性婀娜多姿的曲线美，适合性感、成熟的服饰形象设计。

7.2.2 物态表示法

物态表示法是以大自然或生活中某一形态相像的物体表现服装廓型特征的方法。

（1）鱼尾型（图7-8）

鱼尾型服装窄臀紧身，裙摆长及地且呈鱼尾形，显示女性曲线美。常用于女装晚礼服，体现女性优雅、高贵的魅力。

（2）灯笼型（图7-9）

灯笼型服装也称O型服装，躯干部位的外轮廓呈弯度的弧线，强调下摆收口，整体圆润可爱。常见的有灯笼裙、灯笼裤。

（3）蝙蝠型（图7-10）

蝙蝠型服装也称蝴蝶型服装，在肩袖连接处即袖窿深及腰节附近，袖子造型如蝙蝠（蝴

图7-7　S型

图7-8　鱼尾型

图7-9　灯笼型

蝶）翅膀张开状，且上装下摆收紧的造型。袖型具有遮挡手臂的功能，而且流畅的廓型线条比较美观，兼具观赏性与功能性。

（4）喇叭型（图7-11）

喇叭型的裙子和裤子均以紧腰、下摆宽松为特征，呈现上小下大的喇叭形外部廓型。喇叭型的上衣一般肩部较窄或裸肩，衣摆宽松肥大。

图7-10　蝙蝠型（蝴蝶型）

图7-11　喇叭型

7.2.3　体态表示法

体态表示法是以服装与人体的关系及状态表现服装廓型特征的方法。

（1）挂覆式（图7-12）

挂覆式是以肩为支点，将服装面料披挂于身上的形式。如披肩、斗篷、坎肩等服装样式均属于挂覆式。

（2）缠裹式（图7-13）

缠裹式是将服装面料把身体缠裹起来的服装样式，基本没有服装结构，如没有肩袖、裤腿，印度沙丽就是典型的缠裹式服装。

图7-12 挂覆式　　　　　　　　图7-13 缠裹式（印度沙丽）

（3）包裹式（图7-14、图7-15）

包裹式服装是一种前开式、有肩袖的连身衣，左右襟相压，把身体和双腿一起包裹起来。如汉服、和服、浴衣等。

图7-14 包裹式（汉服）　　　　　图7-15 包裹式（和服）

（4）垂曳式（图7-16）

垂曳式服装是一种上下连体的连身衣，长长地垂下来的服装造型，一些女性华丽的礼服通常采用垂曳式来展现女性优雅的气质。

（5）套头式（图7-17）

套头式服装也称贯头式、钻头式服装，日常穿着的T恤、套头毛衫就是套头式。

图7-16　垂曳式　　　　　　　　　　　　图7-17　套头式

7.3　服装款式搭配

搭配（Coordination）一词于20世纪中期开始流行，含有对等、合并、调整、汇总等含义，成为人们生活中的日常用语。服装搭配是指两种或两种以上的服装进行组合，它不仅仅是一种服装的简单组合，而是将人们的生活方式、社会环境等诸多因素结合起来，也含有塑造整体美的含义。

通过服饰搭配可以塑造不同的服饰形象。就某些服装款式而言，随着流行趋势的更替而千变万化，但仍有一些经典的服装及配饰永恒不变，这些经典、永恒的服装款式通常被称为"基本款"，而那些伴随流行趋势出现之后易于过时的服装被称为"时尚款"。

"基本款"指的是经典的服装及配饰，款式上没有繁复的设计元素，没有时尚的流行元素，也没有风格导向性，可与各种服饰进行搭配，经得起时间考验的百搭样式都可以称为"基本款"。此外，"基本款"不仅指样式，在色彩上、图案纹饰上也以"基本色"表现。"基本色"包括永恒活跃在时尚舞台的无彩色系（黑、白、灰），成熟稳重的大地色系和裸色系等。

7.3.1　女装基本款搭配

（1）基本款衬衫（图7-18）

女衬衫（Blouse）一词据说源自于古罗马时代农耕时所穿的紧身束腰外衣（Blouson）。现在指女性和儿童上半身所穿的面料轻薄的宽松单衣。女衬衫是女性服装中最具有代表性的上衣。若想展现中性形象，那么应该选择设计简单的基本款衬衫；若想展现女性优雅的形象，则应该选择垂褶式领口或衣领、胸口有设计元素，材质轻柔带印花的衬衫。

①款式造型：翻领、胸口可有贴袋、开襟、长袖或短袖、可圆可方的下摆。

②基本色：白色、纯色、条纹、格子。

③常见搭配：搭配直筒膝上裙、及膝裙可塑造OL服饰风格；搭配西装裤可塑造较为严谨的行政风格；搭配牛仔裤、休闲裤，自然、舒适又休闲。

（2）基本款半裙（图7-19）

半裙又称半身裙（Overskirt），按裙长可分为：超短裙（Micro skirt）、迷你裙（Mini skirt，裙摆边位于膝盖上方11～16cm处）、及膝裙（Knee length，又称齐膝裙）、中长裙（Midi，裙摆边长至膝下或位于小腿中部）、长裙（Maxi，裙摆边垂到脚踝或脚背）、超长裙（Long，裙摆边位于鞋后跟且接近地面）；按款式可分为：包臀裙、直筒裙、A字裙、阔摆裙、百褶裙、鱼尾裙、伞裙、喇叭裙等。

图7-18　基本款衬衫

①款式造型：最基本的半裙款式是直筒及膝裙，因为适合穿着直筒裙的年龄范围比较大，既可适合职场，也可适合休闲娱乐。

②基本色：黑白灰、纯色。

③搭配：半裙可以搭配的上装有T恤、衬衫、开襟毛衫、套头毛衣、小西装外套、风衣等，搭配性比较强，既可以塑造干练的职场女性服饰形象，也可以塑造浪漫、活泼的时尚女性服饰形象。

（3）基本款连衣裙（图7-20）

连衣裙又称连身裙（One-piece dress），是上下身连接一起的裙装。很少能有其他服装像连衣裙一样，仅仅用单件服装便能塑造出女性优雅而活泼的形象。时至今日，连衣裙还是

图7-19　基本款半裙　　　　图7-20　基本款连衣裙

图7-21 基本款外套（小西装）

只属于女性专享的服装，因此，若想展现女性优雅的形象，就可以选择一条连衣裙。

①款式造型：最基本的连衣裙款式是直筒连衣裙，衬衫式直筒连衣裙则给人以休闲感。

②基本色：黑白灰、纯色。

③搭配：夏季可穿着无袖直筒连衣裙、吊带式直筒连衣裙；春秋季可把短款开襟毛衫搭配在无袖连衣裙、吊带式连衣裙、直筒连衣裙之上，还可以搭配小西装、风衣等外套，塑造出活泼的女性形象。

（4）基本款外套（图7-21）

从20世纪初期开始，女性的地位不断提高。在服装选择中，外套（Coat）不仅具有御寒的实用性功能，而且它还有助于完成服饰形象设计，具有弥补体型缺点的作用。

①款式造型：女性最基本的外套是小西装、夹克、风衣。在可可·香奈尔（Coco Chanel）开创了男装女穿的风潮之前，谁也不会想到西装会成为女性衣橱里重要的组成部分。最基本的外套款式是带有西装领的单排纽小西装，长度为齐腰，既适合个子较高也适合身材娇小的女性，实用性较好。

②基本色：黑白灰，面料为斜纹软呢或人字纹、方格，以及经典的千鸟格等。

③搭配：职业女性的典型着装是身穿小西装，搭配正装半裙或西装裤；小西装也可以混搭休闲装，内搭T恤、衬衫、毛衫，下装搭配牛仔裤、半裙、连衣裙等。

（5）基本款风衣（图7-22）

风衣的款式风格多样，裙式风衣不仅具有中性的洒脱，更平添了几分裙装的妩媚，正好迎合了时尚女士在秋冬季依旧希望轻舞飞扬的美丽心情。近几年，越来越多的设计师在原有风衣款式的基础上融入了更多的时尚元素，在细节处做了精致的处理来迎合大众的不同审美要求。但经久不衰的军装款式仍然成为风衣基本款的样式，短款干练、长款潇洒。

①款式造型：风衣按衣长可分为短款风衣、中长风衣、长风衣。其中，中长款风衣比较基本，款式特征有领位扣带、胸口前肩盖布、后背遮盖布、束手袖、肩襻、腰带等六处细节。此外，翻驳领、双排扣、插袋也是基本款风衣的款式特征。

②基本色：驼色、卡其色、黑色、纯色，以及经典的巴宝莉格纹等。

③搭配：短款风衣比较适合身材矮小的女性；长款风衣比较适合身材高挑的女性。下装可

图7-22 基本款风衣

搭配裤装、裙装。值得注意的是风衣搭配及膝裙或中长裙，裙摆边比风衣摆边长4～6cm比较精致美观。

（6）基本款裤子（图7-23）

裤子（Pants）是穿在腰部以下包裹臀部和双腿、有裤腰裤裆和两条裤腿的服装。20世纪初期，由于轿车问世和第一次世界大战的影响，裤子逐渐成为女性的日常服装。最初，女性只有在骑自行车或者打网球时才穿裤子。但在第一次世界大战结束之后，女性不断进入社会的各个层面，裤子也开始在女性群体中普及开来。裤子按裤长可分为：热裤、短裤、中裤、中长裤、长裤；按款式可分为：烟管裤、铅笔裤、紧身裤、直筒裤、喇叭裤、锥形裤、阔腿裤等。

①款式造型：最基本的裤子款式是直筒裤，适合任何一种体型。

②基本色：黑白灰、卡其色、牛仔蓝。

③搭配：夏季可穿着热裤、短裤、中裤，上装可搭配吊带背心、T恤、衬衫等；春秋季可穿着长裤，上装可搭配开襟毛衫、套头毛衣、小西装、夹克、风衣等。

7.3.2　男装基本款搭配

（1）基本款T恤（图7-24）

T恤（T-shirt）是春夏季人们最喜欢的服装之一，特别是烈日炎炎、酷暑难耐的盛夏，T恤衫以其自然、舒适、潇洒又不失庄重之感的优点而逐步替代昔日男士们穿着背心或汗衫外加一件短袖衬衫的模式出现在社交场合，成为人们乐于穿着的时令服装。目前T恤已成为全球男女老幼均爱穿着的服装。

图7-23　基本款裤子　　　　图7-24　基本款T恤

①款式造型：最基本的T恤款式是圆领、短袖、衣身呈直筒型。基本款T恤衫的质地一般为100%纯棉，织物则有网、平纹等针织形态，款式是以衣摆边不系进裤子里为前提，做出衣摆边后长、前短，且侧边有一小截开口的下摆，这种下摆设计使穿着者在坐着时，也能避免一般T恤因前摆过长而皱起来的情况。后摆长弯腰时不会露出后腰。

②基本色：黑白灰、纯色、条纹。

③搭配：T恤已与牛仔裤构成了全球最流行、穿着人数最多的服装，适合休闲场合穿着。

（2）基本款Polo衫（图7-25）

Polo衫（Polo shirt）又称马球衫，源于贵族的马球运动着装。因为穿着舒适，打马球时喜欢穿着有领子的短袖衣服，后来广为大众喜爱，演变成一般的休闲服装。Polo衫历史悠久，作为一款屈指可数的能够保留至今继续穿着的古典服装款式，由拉夫·劳伦（Polo Ralph Lauren）设计并推出，凭借其经典的款式，由一款专项运动的着装引介到其他运动界以至休闲穿着，因此叫作Polo衫，也称为高尔夫球衫（Golf shirt）。

①款式造型：短袖，衣身呈直筒型，罗纹翻领，3~4粒纽扣钉在衣领前部正中，门襟呈半开式。

②基本色：黑白灰、纯色、条纹。

③搭配：工作和休闲时都适合穿Polo衫，如果要参加一些稍微正式的场合，可以搭配一件单西（西装一般定义指西装上衣和西裤的套装，而单西是指西装上衣或西裤中的一件，这里的单西指一件西装上衣），营造一种年轻时髦精英的感觉。一般场合Polo衫搭配修身直筒裤及皮鞋，也可搭配棒球帽、牛仔裤和胶底鞋或运动鞋，会有一种清爽、阳光青年的气质。

（3）基本款衬衫（图7-26）

对于男性而言，衬衫（Shirts）是绅士装扮的重要服装之一。领子（Collar）被誉为衬衫的生命，是进如他人视线的第一个重要部分。同时，领子也是决定服装廓型和服装穿着时长的重要因素。普通领适合所有人穿着，除了不可与休闲装搭配之外，任何套装均可进行搭配。西装、衬衫、领带是男士正装最基本的配置，正装衬衫始终以白色为主。随着体育和休闲娱乐的发展，衬衫呈现休闲化的趋势，衬衫的色彩开始变得丰富，样式也开始多样起来。

①款式造型：最基本的正装衬衫款式是翻领、开襟、长袖（有袖克夫）、方下摆边、胸口有领巾袋。

②基本色：正装衬衫以白色、浅色、纯色为主；休闲衬衫为条纹、格子、花卉动植物纹饰等。

③搭配：正装衬衫衣领比西装衣领高出约1.5cm，露出袖子1.5cm左右，这样才能达到内外搭配的最佳效果，与此同时，衬衫领与颈部最好留有0.5cm的空隙。

（4）基本款外套（图7-27）

外套是穿在最外面的服装，多为上衣，男装中最基本的外套款式是西装、夹克。众所周知，外套具有防寒的功能，除此之外，它还起到表现权威感以及展示魅力和个性的作用。

①款式造型：西装与衬衫、领带构成男士正装的最基本配置。夹克是半正式的上衣，它不同于套装概念中的上衣，夹克可以单独穿着，是男装中最重要的款式之一。在19世纪后半期，人们在进行户外体育和娱乐活动时穿着夹克，但在此之前，只有部分上流人士在体育锻炼时穿着夹克。而现代日常生活中基本款的夹克是休闲夹克，又称运动夹克，是一种长短到腰部、衣摆束紧的短外套，没有特殊的设计或特定的色彩和花纹。

②基本色：黑白灰、纯色，面料为斜纹软呢或法兰绒等。

③搭配：西装是由同一种面料缝制而成的包括西装上衣和西裤组成的一整套服装；基本

图7-25　基本款Polo衫　　　　　图7-26　基本款衬衫　　　　　图7-27　基本款外套（西装）

款夹克可搭配休闲裤、牛仔裤。

（5）基本款风衣（图7-28）

风衣（Trench coat）起源于第一次世界大战期间英国军官在战壕里所穿的服装，是雨衣类的一种，经久不衰的军装款式仍然成为风衣基本款的样式，短款干练、长款潇洒。风衣按衣长可分为：短款风衣、中长风衣、长风衣。

①款式造型：风衣全部采用同一种面料缝制而成，从肩部经胸部披挂着前肩盖布，背部有后背遮盖布和双襟式腰带，而且带有肩襻。正是因为风衣有以上这些款式特征，所以风衣比较适合形体高大、健壮的人穿着，展现出男性阳刚、洒脱的气质。

②基本色：黑色、灰色、驼色、卡其色、纯色，以及经典的巴宝莉格纹等。

图7-28　基本款风衣

图7-29 基本款裤子

③搭配：风衣与正式的西装套装或夹克进行搭配时，将会产生非常好的搭配效果。

（6）基本款裤子（图7-29）

在法国大革命之前，所有的绅士都穿着紧身裤，选择流行的裤子在当时只不过是渔夫的工作服而已。在经历产业革命并迈入20世纪之后，人们的生活发生了翻天覆地的变化。随后，相继出现了既能满足功能需求，又不失美观的各种裤子。其中，最有代表性的当属时髦的牛津裤、由体育运动大众而产生的灯笼裤以及称为大众工作服的斜纹粗棉布牛仔裤等。

①款式造型：在男装里，常见的裤型有直筒裤和锥形裤。其中，直筒裤是男装裤子的基本款。

②基本色：黑白灰、米色、纯色。

③搭配：正装应搭配西裤，休闲装搭配休闲裤、牛仔裤，个矮的人不适宜穿裤边上翻的裤子。

7.3.3 基本款与时尚款搭配

（1）基本款与时尚款的配置比例

"基本款"是永恒不变的经典款式，而那些伴随流行趋势出现之后易于过时的服装则是"时尚款"。一般我们衣橱里的"基本款"与"时尚款"的服装数量较为理想的配置比例为7∶3或者8∶2，也就是说包容性、实用性较强的"基本款"服装偏多一些，而流行的、风格导向性较强的"时尚款"则可以较少一些，这样的服装配置可以使我们根据不同穿着场合选择适合自己的款式，用相对较少的服装成本就能塑造个性化的时尚风格。

在衣橱管理中，我们还要注意在选购"基本款"服饰时，要特别注重服装的品质，从面料、材质以及做工等各方面多加考虑那些值得我们"重金投资"的高品质的"基本款"。因为有了高品质的"基本款"，再根据个人喜好和需要选择一些适合自己的"时尚款"，以及一些合适的配饰相搭配，就可以衍生出无数种服饰风格。

（2）基本款与时尚款的单品搭配

单品，在服装搭配领域里是指衬衫、T恤、夹克、西装、风衣、半裙、连衣裙、牛仔裤等单品服装。单品服装搭配技巧的要领在于擅长将基本款与时尚款进行搭配，使服装依据穿着者的个性展现出不同的美感。

①背心搭配外套：在背心外面套上各式外套，一般来讲，背心长度应长于外套长度，形成里长外短的效果，这样搭配与单穿相比，能够塑造出迥异的服装风格，因而格外受到年轻人的青睐。

②衬衫搭配裙子：用束腰衬衫搭配喇叭长裙，展现穿着者的民族特色；或者宽松的衬衫搭配迷你裙，展现穿着者活泼、阳光的形象。

③半裙搭配单西（指一件西装上衣）：近几年，设计师在女西装款式上不断进行改良，在细节的变化上体现新意，例如耸肩修身小西装、无领西装、瘦版长款西装、拼接样式西装等。除了款式的创新之外，领子部分的设计也是重头戏，在撞色系盛行的风潮下，不同色彩

的翻领如同拼接设计，与原本西装的色彩形成了较大反差，呈现出摩登的视觉效果。高腰线的短裙搭配条纹T恤、格子西装外套，塑造出街头亲和的形象；超长裙与单西搭配，营造出一个充满异域风情的视觉效果。

④连衣裙搭配单西：连衣裙搭配西装是较为出彩的组合，单西搭配一条奢华感的小礼服裙，一方面能减少小礼服的严肃和过于隆重感，另一方面则能凸显西服的大气。

⑤裤装搭配单西：牛仔裤、连体裤以及带有复古风味的九分裤搭配单西，这些具有创意的组合给予西装混搭的全新概念，脱离了寻常西装搭配西裤的固有模式，从而达到新颖的视觉搭配效果。

7.4 任务实施

通过服饰搭配核心元素的组合，运用基本款与时尚款搭配技巧，完成一组服装款式造型（图7-30），掌握服装款式搭配技巧。

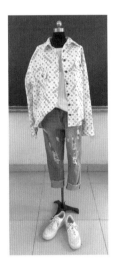

图7-30

图7-30　学生创新作品：服装款式造型（指导教师：张虹）

任务8 配饰与服装美学搭配

【任务内容】

1. 服饰配件的特性
2. 服饰配件的分类
3. 配饰与服装搭配

【任务目标】

1. 了解服饰配件的特性
2. 熟悉服饰配件的分类
3. 掌握配饰与服装搭配技巧

8.1 任务导入：服饰配件的特性

"服饰配件"顾名思义，指的是人们在着装时所佩戴的装饰性物品，又称服饰品、饰品、配饰等。服装与饰品之间是相互依存的关系，"服"和"饰"不是孤立存在的，而是一个不可分割的整体。服饰包括了服装与饰品（配饰）。一般而言，配饰离开了服装就不能发出迷人的光彩；而服装如果没有配饰的衬托，也会黯然无光。

服饰配件受到周围社会环境、风俗、审美等诸多因素的影响，经过不断地完善和发展，形成了今天丰富的样式。历代存留下来的各类服饰配件，它们的造型、纹样、质地、色彩都留下了当时文化、地域、政治、经济等多个方面的印记，也为人们研究当时的服饰文化提供了重要的资料。

（1）从属性

从服装的角度来说，服饰配件是服装的一个有机组成部分，对服装而言是处于一个从属地位，这是服饰配件最为重要的特性之一。个人形象的构建要通过个人外在形象以及内在修养表现出来，而外在形象就包括了服装、服饰品、发型、化妆等因素的完美结合。服饰搭配艺术是整体性的艺术，是服装与配饰之间和谐而统一的艺术形象，如果在服饰搭配时，某一件饰品的搭配不和谐或者饰品与服装之间整体构思分割开来，必然会削弱服饰形象的整体力量。

一般情况下，个人的装扮应该注重服装与个人形体、气质条件的吻合，其服饰配件、发型、化妆等都要围绕服装的总体效果来进行设计，以体现着装者的审美水平和服饰搭配艺术修养。在一些特殊的情况下，如珠宝首饰发布会上，也会出现将服装与饰品的关系倒置，以款式简洁、色彩素雅的服装搭配华丽的首饰，以达到宣传饰品主体的目的。

（2）历史性

服饰配件的发展具有历史性特征。不同的历史时期，政治、经济、文化、宗教因素都会对服饰审美产生不同的影响；而即使是同一历史时期，不同的地域，其文化背景也会产生很大的差异，这在服饰上表现为装饰手法、材质组合、工艺技术上的差异，从而形成各具风格的服饰形象。

（3）民族性

服饰配件还具有鲜明的民族性特征。在许多民族中，服饰品是非常重要的装饰形式之一。一些配饰包含了该民族的特定风俗，从饰品的外形、材料以及图案纹饰等要素，都可以体现出民族的习俗与特点。

我国55个少数民族，例如苗族、藏族、壮族、彝族、蒙古族等，其服饰配件各具特色，它既与该民族所处的自然环境、社会人文环境相关，又与该民族的发展历史、民族文化尤其是宗教文化密不可分。以维吾尔族为例，维吾尔族少女喜好将头发分股编成若干细长的小辫垂与脑后，这种多辫头饰已作为一种符号，令人过目不忘（图8-1）。事实上，维吾尔族少女的多辫，象征着繁茂的树木、崇尚大自然，也象征着少女的青春和活力，这种头饰就是一种民族文化象征在服饰上的表现。

图8-1　服饰的民族性（维吾尔族头饰）

（4）社会性

社会的因素赋予服饰品的影响是不可忽视的。从历史性和民族性的角度来看，仍旧是基于其社会性的基础而产生的。在长时间的封建社会制度之下，一些服饰配件都被赋予了一定的政治含义，甚至成为社会地位的象征（图8-2）。就今天的时代而言，人们的着装是依赖当今的环境、文化等因素的，服装及其饰品搭配要符合群体的认同程度（图8-3）。以服装

图8-2　龙袍

图8-3　"龙袍装"时装设计

为主体，鞋帽首饰等配件必须围绕服装的特点来进行，从款式、色彩、材质上形成一个完整的服饰搭配元素的组合表现，与着装环境、着装目的形成一种美学搭配。

8.2 服饰配件的分类

服饰配件的三要素包括材料、形状、色彩。其分类方法有很多种，按照不同的要求可以分为不同的类别。按装饰部位可以分为：发饰、面饰、耳饰、腰饰、足饰、帽饰、衣饰等；按工艺可以分为：缝制型、编结型、锻造型、雕刻型、镶嵌型等；按材料可以分为：纺织品类、毛皮类、贝壳类、金属类等；按装饰功能可以分为：首饰品、包袋饰品、花饰品、腰带、帽子、手套、伞、领带、围巾、手帕饰品等。在服饰搭配艺术中，对于服饰配件的分类则按照不同的装饰效果以及装饰部位进行分类（表8-1）。

表8-1 服饰配件装饰部位与装饰效果及功能

服饰配件种类	装饰部位	常见材料	装饰效果与功能	举例
首饰类（图8-4）	围绕头部、四肢各部位	金属、玉石、珠饰、皮革、塑料等材料	兼具装饰及实用的性能，恰到好处的首饰点缀，有时候可以起到画龙点睛的作用，使得原本平淡无奇的服装显得熠熠生辉	发饰（发钗、发簪、发箍、发圈）；耳饰（耳钉、耳环、耳坠）；颈饰（串珠、念珠、项链）；手饰（戒指、手链、手镯）；足饰（脚链）等
帽饰类（图8-5）	头部	纺织品、皮革、绳草等材料	兼具遮阳、防寒护体的实用目的及美观的装饰作用。由于处在人体极为醒目的位置，在服饰搭配艺术中，帽饰类的搭配对服装的整体效果起到了极为重要的作用	按用途分：风雪帽、太阳帽、防尘帽、安全帽、礼帽等；按实用对象和式样分：男帽、女帽、童帽、情侣帽、水手帽、牛仔帽、军帽、警帽等；按材料分：皮帽、毡帽、毛呢帽、草帽、竹斗笠等；按款式分：贝雷帽、鸭舌帽、渔夫帽、钟形帽、无边女帽、遮耳帽、虎头帽、瓜皮帽、八角帽、头巾等
鞋袜、手套类（图8-6、图8-7）	手、足部位	纺织品、皮革等材料	兼具防寒保暖之护体功能以及装饰的作用。随着人体的活动，鞋袜、手套类处于一个不断变化的视觉位置，是人们不可忽视的重要饰品与配件	鞋子（单鞋、靴子、屐、拖鞋）；女袜（连裤袜、长袜、中长袜、短袜、丝袜、棉袜）；男袜（正装袜、休闲袜）；手套等
包袋类（图8-8）	因使用手法不同而不同	纺织品、皮革、绳草等材料	兼具放置物品的实用性能以及美观的装饰性能，是服饰搭配艺术的重要饰品之一，因材料的不同、制作方法的不同呈现出不同的风格面貌。在服饰搭配时其装饰性功能应符合服装的总体风格特征	按材料分：皮质包袋、布艺包袋、手工串绣包袋；按款式分：晚宴包、拎包、单肩包、斜挎包、双肩包、公文包；按风格分：通勤包、民族风情包袋等
腰饰类（图8-9）	腰部	纺织品、皮革、绳草、金属、珠饰等材料	兼具绑束衣服的实用功能及装饰的美学功能	按材料分：动物皮革类、人造皮革类、纱缎布帛类；按款式分：腰带、腰链、腰封等

续表

服饰配件种类	装饰部位	常见材料	装饰效果与功能	举例
领带、领结、围巾类（图8-10、图8-11）	颈部	纺织品、皮革等材料	兼具固定衬衫或防寒保暖之实用目的以及装饰的重要作用	领带（男士职场、社交场合中最基本的服饰品，搭配西装的必备配饰）；领结（正式场合中佩戴，如搭配燕尾服）；围巾类按材料分：针织、丝巾等；丝巾按形状分：小方巾、大方巾、长巾、三角巾、异形巾；丝巾按功能分：颈部装饰、包袋装饰、头饰、腰带、裹胸、DIY服装等
其他类（图8-12、图8-13）	人体的各个部位	各种材料	有些原为实用品，有些则逐渐过渡为实用与装饰相结合的饰品	眼镜（框架眼镜、太阳镜）、胸针、伞、扇子、打火机等

图8-4 首饰类

图8-5 帽饰类

图8-6 鞋类

图8-7 手套类

图8-8　包袋类

图8-9　腰饰类

图8-10　领带类

图8-11　围巾类（丝巾）

图8-12　其他类（太阳眼镜）

图8-13　其他类（太阳伞）

8.3 配饰与服装搭配

8.3.1 配饰与服装搭配原则

恰到好处，点到为止；去粗取精，扬长避短；凸显个性，展现优势；掌握寓意，避免出错。

此外，选配服饰品时还应考虑穿着者的年龄因素、服装风格、饰品材质以及个人喜好等问题。

（1）年龄因素

一般年轻的时尚女性可以选择一些外形比较夸张、色彩鲜艳的饰品，且材质不必非要天然的；但年龄大一些的女性选择饰品则最好为品质感较好的天然材质。

（2）服装风格

选择与职业装搭配的饰品时，配饰要尽量简洁、大气，色调要与服装相协调，可选配金属材质；选择与晚宴场合的礼服相搭配的饰品时，材质明亮、色彩鲜艳、款式夸张的饰品会比较出彩。

（3）饰品材质

不是所有的材质都适合比较正式的场合使用，例如银饰品通常被认为是日常配饰，正式或特殊的场合使用显得不妥；塑料、竹木材质的饰品搭配田园风格或是休闲日常的服装比较合适，显然不合适晚宴等场合。

（4）个人喜好

服饰配件还可以根据个人喜好进行一些创新式的佩戴，加入创意的服饰搭配组合效果新奇有趣、别具一格，比较个性化，会让人有意想不到的惊喜。

8.3.2 配饰与服装搭配技巧

只有配饰与服装两者协调和统一时，它们的美感才会充分展现出来，此处所指的"统一"为大统一的概念，即选择配饰与服装搭配要服从服装的整体风格（图8-14）。配饰与服装的协调统一，除了以上提及的配饰与服装搭配原则，还要遵循服装穿着的TPO原则，即时间（Time）、地点（Place）、场合（Occasion），穿着者年龄、喜好等个人因素，除此之外，还有几个配饰与服装的搭配技巧需要掌握。

图8-14 配饰搭配服从服装的整体风格

（1）风格呼应法

配饰的选择以服装的风格造型作为前提和依据。选择与服饰相搭配的各类配件，首先应确定服饰主体的基本风格，然后根据实际情况考虑搭配的效果。是常规的协调和搭配，还是具有后现代艺术感的混搭等，再依照所涉及的服饰形象选择合适的配件。

常规的调和搭配比较强调服装与配饰之间的协调性，如礼服的款式风格精致、华丽，则要求配件的风格也应具有雍容华贵的晚宴气质（图8-15）；职业装的款式风格比较严谨，配件的风格则要求简洁、稳重、不夸张（图8-16）；休闲装的款式较为简洁大方，配件的风格也要随意、自然或个性化（图8-17）。

图8-15　礼服配饰　　　　　图8-16　职业装配饰　　　　　图8-17　休闲装配饰
　　（风格呼应法）　　　　　　（风格呼应法）　　　　　　　（风格呼应法）

风格呼应并不意味着服装与配饰的风格必须具有相似性，有时也可以是具有混搭意味的服饰组合，将配饰与服装主体之间进行一些对比，作为客体的配饰反而使得服装主体更为突出，这样所达到的统一关系也属于风格呼应的一种表现形式。

（2）色彩协调法

从服饰美学角度来讲，整体服饰的色彩效果应该是赏心悦目而又和谐统一的，所以服饰配件常常在整体的服饰色彩效果中起到画龙点睛的作用。当辅助色彩过于单调或沉闷时，可将鲜明多变的色彩运用到配件中来调整色彩感觉；而当服装的色彩显得有些强烈和刺激时，又可利用配件单纯含蓄的色彩来缓和气氛。服饰形象色彩的处理要根据整体效果的需要，这样既可以迅速快捷的选择好颜色，又易取得整体服饰色彩的高度协调。

（3）体积对比法

把握好局部与整体之间的大小比例关系是处理好配件与服饰搭配的关键性因素。配件是服装的从属性装饰，但并不是以一味减少其在整体服饰形象中所占据的体积为前提。一件独具特色、精致漂亮的配件可以为服装增色不少，妥善运用各类配件在服饰搭配中极为重要。服装与配件两者之间存在的主体与客体的关系始终贯穿于服饰搭配过程，服装与配件之间的主从关系极为微妙。一方面，服装的主体关系不容忽视，另一方面，配件的客体位置有时还会与主体产生倒置。服装与配件的主客体倒置，不能简单地理解为一味地追求配件客体的作用，而是在一种新型的配件与服装的关系基础上，力图达到和谐统一的效果，其实适当地突出配件的客体作用，目的是为了更好地强调服装的主体地位。同时，配件与服装的主客体倒置要避免配件与服装脱离太远，而要达到一种既突出却又不改变其从属地位，弱化主体却又不和主体相脱离的状态。

（4）质地对比法

由于构成服饰配件的材料范围较大，因此在选择与服装搭配的服饰配件时，可选择的范围也相对较广。服装与配件组合可根据不同的心理需求、审美情趣做相应的变化。服装与配件之间质地对比最为突出的体现在面料材质上。当服装的面料较为细腻时，可选择质感粗犷而奔放的包袋（图8-18）；当服装面料较为厚重而凹凸不平时，则可选择一些质地光润柔滑的包袋，与服装面料形成鲜明对比（图8-19）。总之，从服饰整体质地效果来看，两者之间既可相互对比，也可相互补充；既可相互衬托，又可相互协调。两者在搭配变化中产生出一种特有的视觉美感。

图8-18　春夏装配饰（质地对比法）　　　　图8-19　秋冬装配饰（质地对比法）

服饰配件虽然在服饰的整体效果中占有一定的位置，然而在审美实践中人们认识到，其艺术价值与服装密不可分。不同的服饰配件具有不同的表现形式，服饰配件是服饰搭配时不可或缺的重要元素，在服饰形象设计时要结合不同的配件特性，巧妙运用，不仅为服饰整体造型服务，还能烘托和反映穿着者的内在气质。

8.4　任务实施

完成配饰与服装美学搭配的两个子任务：领带的系法与搭配、丝巾的系法与搭配，掌握配饰与服装搭配技巧。

8.4.1　领带的系法与搭配

领带是搭配西装必备的饰品之一。领带与衬衫的搭配更是一门学问，若搭配不妥，有可能破坏整体效果；但若搭配得恰当，则能抓住众人的眼光，而且展现着装者的审美水平和服饰搭配艺术修养。

领带有多种常用系法，有平结、双环结、交叉结、双交叉结、温莎结、亚伯特王子结、马车夫结、浪漫结、十字结、四手结等。那么，在日常生活中，到底该用哪种系法好呢？一般情况下，除受流行因素的影响外（如西装驳头的宽窄影响到领带的宽窄，进而影响到领带结的大小），主要根据所穿衬衫的形状（领尖夹角的大小）来选择。在这里，主要示范温莎结的系法技巧要领。

　　温莎结（Windsor Knot）是因温莎公爵而得名的领带结，它是最正统的领带系法，打出的结成三角形，饱满有力。温莎结系法适合用于宽领型的衬衫，该领结应多以横向发展，应避免选用材质过厚的领带，注意宽边先预留较长的余地、绕带时的松紧会影响领带结的大小、领带结不要打得过大（图8-20）。

图8-20　温莎结系法

8.4.2　丝巾的系法与搭配

　　从服饰搭配整体来看，丝巾给人的第一印象通常是色彩感。因此，与服装搭配时，丝巾的颜色占有举足轻重的地位。

　　丝巾按色彩可以分为冷色调和暖色调；按图案可以分为纯色、线条类、几何图案、花卉图案、动植物等图案；按形状可以分为小方巾、大方巾、长巾、三角巾、异形巾等。

　　此外，丝巾还可以按系法分：

　　①小方巾：花苞结（图8-21）、花球结（图8-22）、"两步式"简洁系法（图8-23）等。

图8-21　花苞结　　　　　图8-22　花球结　　　　　图8-23　"两步式"简洁系法
（教师示范：张虹）　　　（教师示范：张虹）　　　（教师示范：张虹）

②长巾：玫瑰结（图8-24）、双翼蝴蝶结（图8-25）等。

③大方巾：双层环形结（图8-26）、三角形结（图8-27）、外翻高领结（图8-28）、链式项链结（图8-29）等。

图8-24　玫瑰结
（教师示范：张虹）

图8-25　双翼蝴蝶结
（教师示范：张虹）

图8-26　双层环形结
（教师示范：张虹）

图8-27　三角形结
（教师示范：张虹）

图8-28　外翻高领结
（教师示范：张虹）

图8-29　链式项链结
（教师示范：张虹）

任务9　服装风格美学搭配

【任务内容】

1. 服装风格的分类及特点
2. 服装风格搭配

【任务目标】

1. 熟悉服装风格的分类及特点
2. 掌握服装风格搭配技巧

9.1　任务导入：形象设计与服饰风格

人物形象设计是运用造型艺术手段，通过化妆设计、发型设计、服饰设计、礼仪举止等方面塑造符合人物职业、性格、年龄、修养的适宜形象，是对一个人由内到外的整体形象设计，以达到人物内在素质与外在形象的完美结合。个人形象风格是通过人体"型"特征与服饰元素之间建立关联，与人物形象设计的其他构成元素结合，更好地解决服装廓型、色彩、图案、材质等款式造型、服饰风格以及配饰、发型、妆型等选择问题。

服饰风格是指一个时代、一个民族、一个流派或一个人的服饰形式和内容方面所显示出来的价值取向、内在品格和艺术特色。服饰搭配艺术说到底就是服饰风格的定位，服饰风格不仅表现出穿着者独特的服饰搭配艺术修养、审美情趣，也反映鲜明的时代特色。

（1）服装风格的分类

服装风格是人们判断服饰设计作品类别和来源地的一种手段。可可·香奈尔（Coco Chanel）说过："Fashion changes，but style endures（时尚易逝，风格永存）"。在漫长的历史发展进程中，服装风格不计其数，有的过眼云烟，有的昙花一现，只有那些经典的服饰风格一直活跃在时尚舞台上。我们可以按时代特征、民族特征、地域特征等分类方法把具有代表性的服装风格分类（表9-1）。

表9-1　服装风格的分类

分类方法	常见风格
时代特征	古希腊风格、哥特式风格、洛可可风格、帝政风格（新古典主义）、浪漫主义等
民族特征	中国风格（中式风格）、英伦风格、波西米亚风格、阿拉伯风格、日本风格、韩国风格等
地域特征	西部牛仔风格、非洲风格、土耳其风格、地中海风格、西班牙风格等
以人名命名	蓬巴杜夫人风格、香奈尔风格等
特定造型	克里诺林风格、巴瑟尔风格等
视觉艺术（艺术流派）	极简主义风格（简约风格）、解构主义风格、欧普（视幻艺术）风格、波普风格、立体主义风格、超现实主义风格、未来主义风格等

分类方法	常见风格
文化体特征	骑士风格、吉拉吉风格等
音乐、电影艺术	朋克风格、嘻哈风格、迪斯科风格、洛丽塔风格等
社会思潮	嬉皮士风格、雅皮士风格、田园风格、中性风格、坎普风格、波波风格、小资风格、可爱主义风格、NONO族风格等
功能性	职业风格（OL风格）、学院风格、运动风格、军装风格、工装风格、礼服风格、戏剧风格等
混　搭	混搭风格（新混搭BOHO风）、运动时尚风格等

（2）服装设计风格的艺术特点

服装设计风格可理解为服装设计作品中所呈现出来的代表性艺术特点，这种特点可源自历史和民族服饰文化，源自各种艺术流派或者社会思潮的冲击。服装风格是经过历史与审美的积淀，具有成熟性和稳定性，堪称经典。古希腊风格是欧洲古典风格的源头，中国风格为东西方设计艺术所共同推崇；还有些正在产生影响进而形成风格，比如解构主义风格作为主流审美的对立面，分解结构再进行创新和重组。风格具有连贯性，它不会随着时间的流逝而消失，而是在不同时期以不同方式、不同手法被重新诠释，一再重生。

（3）个人服饰形象风格的特点

个人服饰形象风格是指服装消费大众（他们并非专业服装设计人士，但对个人衣着打扮有需求）能依据人体自身条件、环境、目的等元素，选择适合自己的服装款式造型，并加以恰当的装饰，使之整体符合大众审美情趣，又能形成独特的个人服饰风格。由于每个人的自身条件并不一定完美，与别人也不完全相同，所以同一款服装，有人穿着好看，有人穿着就"扎眼"。因此，对于服饰搭配要调动各种元素来配合表达，让人感知服饰美和形体美。

9.2　服装风格搭配

9.2.1　民族特征风格搭配

（1）中国风格（中式风格）

中国传统服饰文化温婉含蓄、优雅细致，具有独特的艺术韵味、超然的理性、形与神的和谐。这种传统服饰美具有内在的精神力量，通过廓型、色彩、图案纹饰、材质肌理等具体的款式造型呈现出来。在西方主流之外的传统民族文化受到重视的现今，东西方文化碰撞与融合带来了无穷的服饰设计灵感，中国风一再登上国际时装舞台。中式服装与西式服装相对而言，中式服装是指中国传统式样服饰。

自黄帝"垂衣裳而天下治"始至明末，汉服作为历史悠久的服饰几千年来一直是中国的国服、礼服和常服，是中国"衣冠上国""礼仪之邦""锦绣中华"的体现，承载了汉族的染织绣等杰出工艺和服饰美学。华夏民族（汉族）根据自己的生活习性、审美理想、哲思理念，结合经济条件和生产水平，自然发展形成一整套独具特色的服装体系。

汉服是汉族的传统民族服装，属平面型结构，特点为开襟，主要有偏襟和对襟的形式，以及交领右衽，"上衣下裳"制为主要特色。在现代，汉服被广泛提倡作为礼服运用于祭祀、成人礼、婚丧嫁娶、传统节日、传统文化活动等体现汉民族文化的场合（图9-1）。

中式服饰以汉服为代表，除此之外，中山装、旗袍等也是中式风格的典型服饰。

①造型与风格特征：中山装是男性中式风格服装。旗袍是现代女性较喜好的中式风格服装，中式剪裁的H型旗袍呈现紧身自然线型（图9-2），变化款式层出不穷，例如中式立领及其变化领型、中式连袖及"倒喇叭"的七分袖型、对襟、一字襟、琵琶襟及其变化门襟。

图9-1　汉服　　　　　　　　　　图9-2　旗袍

②细节与工艺：中式子母扣、盘花纽，镶、绲、嵌等技艺，以及十字绣、满针绣、盘花绣等刺绣工艺。

③搭配元素：银质项圈、手镯等，玉石、翡翠等宝石类首饰，绣花鞋、手绣帕及围巾、披肩等，刺绣与锦缎的小包袋。

（2）英伦风格

英伦风尚与它常年阴雨绵绵的气候形成有趣的对比。最前卫，也最保守；叛逆、混搭、年轻，有一点点颓废、一点点摇滚。从迷你裙到朋克装，伴随着时装史上无数富有创意的时刻，"传统与反叛"是英伦时尚的精神所在，英伦时尚就是前卫的代表词。

强劲的英伦风，第一波来源于18世纪末19世纪初英国流行的Dandy风，意指讲究装扮、服饰华丽的男性穿衣风格。21世纪男人们在优雅复古风气的影响下，英伦风尚变得更加精致华贵（图9-3）。

①造型与风格特征：英伦风尚的服装以简便、

图9-3　英伦风格

高贵为主，格子是英伦风格的主要特点。最著名的英伦风格品牌是巴宝莉（Burberry），产品涉及服装、箱包、帽子、围巾、鞋子、雨伞等，其经典巴宝莉格纹成为英伦风格标志性条纹。另一个特色是苏格兰短裙，早在17世纪就作为军队制服使用，今天仍有许多人在庆典、乡村舞会、高地运动会等社交活动中穿着。英伦风格在世界男装中独树一帜，一些中国时尚人士也在正式场合中尝试这一风格。

②搭配元素：西装三件套是Dandy风的基本配置，其中马夹是点睛之笔，搭配西装外套或大衣，穿着的层次感让品位尽显，或是搭配衬衫、T恤外穿，贵族气质就显现出来了。也可以不用把西装三件套穿得过于正式，加入一些现代元素和剪裁会更时髦，纤细的窄身西装搭配嘻哈风格的休闲裤装，使儒雅气质的英伦风更具有时尚感。而条纹、格子纹、海军领、百褶裙、徽章成为女性塑造优雅的英伦学院风格元素。

（3）波西米亚风格

波西米亚是一个地名，位于捷克境内。15世纪，许多以流浪方式生活的吉卜赛人迁移至此并定居下来，豪放的吉卜赛人和颓废派的文化人，在浪迹天涯的旅途中形成了自己的生活

哲学。因为这些人行走世界，服饰自然混杂了所经之地各民族服饰的影子，如印度的刺绣亮片、西班牙的层叠波浪裙、摩洛哥的露肩肚兜流苏、北非的串饰。因此，波西米亚风格的服装并不是单纯指波西米亚当地人的民族服装，服装外貌也不局限于波西米亚的民族服装和吉卜赛风格的服装。它是一种以捷克共和国各民族服装为主，融合了多民族风格的现代多元文化的产物，令人耳目一新的异域感正符合当代时装把各元素混搭的潮流（图9-4）。

①造型与风格特征：款式宽松懒散、层叠飘逸、比例不均衡，剪裁有哥特式的繁复，注重领口和腰部设计，但整体追求大气，造型上强调宽松、舒适、裙身下摆大而长。经典的款式有宽松上衣式连衣裙、无领裸肩的宽松棉质短上衣、刺绣上衣、流苏马夹、低胯的叠纱多褶大摆裙，各种闪亮、繁复的装饰、流苏和坠饰。

图9-4　波西米亚风格

②细节与工艺：花朵、手工拼贴、蜡染工艺、层层叠叠的花边与褶皱、手工花边和细绳结、刺绣、皮质流苏、纷乱的珠串装饰。色彩搭配多使用对比色、如宝蓝色与金咖色，中灰色与粉红色等，以及抽象图案、大朵印花，具有热辣不羁的吉卜赛女郎风情。

③搭配元素：流苏马夹是波西米亚最出挑的单品，鉴于马夹的可塑性，它可以穿在宽松的上衣外面，通过柔和与硬朗的反差表现时尚的美感。流苏马夹和飘逸的雪纺连衣裙搭配，它的紧致合体可以收敛裙子的宽松散漫。波西米亚风格经典单品还有手工彩色刺绣的白色宽松上衣，既华丽复古又很轻松舒适。波浪乱发再搭配一顶大网眼草帽，复古手镯，繁复装饰的皮靴、挎包，这些都是波西米亚风格的经典搭配。

9.2.2 地域特征风格搭配

（1）西部牛仔风格

西部牛仔风格一般认为源于19世纪后期，美国西部大开发为背景而产生美国西部牛仔的装扮风格。牛仔不仅为美国创造了物质财富，同时为美国乃至世界创造了具有深远持久影响的牛仔文化。西部牛仔是深受世人喜爱的具有英雄主义与浪漫主义色彩的人物，他们的服饰形象也深受欢迎。经过100多年，牛仔服装仍长盛不衰，甚至越来越受欢迎，品种式样越来越多，面料外观工艺不断丰富、创新，这是其他服装无法比拟的（图9-5）。

图9-5 西部牛仔风格

①造型与风格特征：西部牛仔风格的服装廓型宽松，追求自由、舒适、洒脱的装束，粗犷、豪放、不羁再加点"流浪"风格。

②搭配元素：牛仔裤、皮上衣以及束袖紧身多袋的牛仔服，色彩鲜艳的印花大方巾、墨西哥式宽檐高顶毡帽或草帽、链饰，以及饰有马钉的高筒皮靴，这些元素更是将粗犷、豪放的服饰风格演绎得淋漓尽致。

（2）非洲风格

非洲传统服饰艺术保持着一定的原始特征，并带有显著的宗教性，反映出古朴、简洁和深沉的原始气息。单纯与简单是生活在非洲土著居民的服饰特点。炎热的气候使服装款式简化到极致，一望无际的沙漠环境使穿着者渴望所有原始纯粹的颜色（图9-6）。利用自然赐予的材质装扮自己，没有华贵的金银饰品，突显古朴无华的风格特点。

①造型与风格特征：坎加是非洲地区最流行的传统服装。从外形上看，就是一块很大的长方形花布，花布四周是宽宽的边，中间是丰富多彩的图案，从花格、条纹到山水树木、花鸟虫鱼，图案纹饰十分丰富。坎加有很多种穿法，最常见的是从脖子裹到膝盖或者裹到脚趾。通常人们会成对购买坎加，一块用来裹身，一块用来包头。

②服装廓型：以北非埃及的系扎式、西非的贯头式、东非的挂覆式、南非的系扎式和佩戴型为主要装束。

③搭配元素：大面积的印染、动物印花，金属和珠子装饰，原住民高耸的头饰，部落女子的纹面、爆炸发饰等。

图9-6 非洲风格

9.2.3 视觉艺术（艺术流派）风格搭配

（1）极简主义风格（简约风格）

极简主义也称极少主义、最低限艺术、ABC艺术，最

图9-7 简约风格

早作为绘画理念出现，其次才是时尚设计。20世纪70年代盛行于美国，20世纪90年代被推广到全世界，成为时尚主流。极简主义的口号是"少即是多"，它对艺术设计领域影响十分广泛、持久，是现代主义的代表。极简主义风格的服装几乎没有装饰，复杂花哨的图案和首饰都被取消，款式造型尽量做减法，面料的使用也是尽量保留其本身所具有的美感，不采用印花、刺绣、镶珠等工艺。

简约风格保留了极简主义风格无装饰的特点，精心设计服装廓型，通过精确的结构（板型）、精致的材质和精到的工艺来展现讲究的服装造型，既考虑服装本身的比例、节奏和平衡，又考虑服装与人体理想形象的协调关系（图9-7）。

①造型与风格特征：服装廓型流畅自然，结构合体，整体造型简洁利落。

②细节与工艺：理性、严谨的服装廓型，大气、简约风格的服饰，零部件较少，分割较少。

（2）解构主义风格

解构主义（Post-structurism）即对结构主义（Structurism）的超越，作为主流审美的对立面。"对结构的拆解"即分解结构后再进行创新和重组，所以又称"后结构主义"。"解构主义"一词正式出现在哲学范畴内，创始人是法国哲学家德里达，主要态度是反对传统形而上学"逻各斯（Logos）中心主义"。解构主义在服装上表现为打破服装围绕人体这个主题，在人体某部位进行夸张或简化，用倾斜、倒转、弯曲、波浪等表现手法，巧妙改变或者转移原有的结构，力求避免常规、完整、对称的结构，整体形象支离破碎、疏松零散、变化万千（图9-8）。

解构主义风格在东方以三宅一生、川久保玲和山本耀司为代表，他们以日本独特的文化背景为底蕴，摆脱了以往的设计成规，向传统的西式服装、欧式观念挑战。三宅一生（Issey Miyake）在20世纪70年代推出名为"一块布"的作品，整套服装极少的开剪衔接，没有一处省道，像一块挂在肩上的毯子，这种完全松弛的风格对传统意义上以不同位置收省的处理方法来塑造女性曲线的服装概念是一次强有力的挑战。在以后的二十年里，三宅一生潜心于用褶裥处理服装的研究中，根据不同的需要设计了三种褶皱面料：简便轻质型、易保养型和免烫型。其最成功之作名为"我要褶皱"，更是突显出结构简单、造型流畅，面料与若隐若现的人体完美结合的特色。三宅一生凭着奇特皱褶的面料，在巴黎时装界站稳了脚跟，设计作品最大限度地释放了女性身体，跨越了时装的概念，可以说是一种全新的设计理念。

图9-8 解构主义风格

①造型与风格特征：服装上的解构方法有对服装内部结构的解构，如裁片的再裁剪、再组合；对材料的解构，可以是非常规材料的使用，也可以是传统面料的改造；对色彩的解构；对着装意义的解构，如一件衣服可供三个人穿着。

②搭配元素：内衣与外衣交错、不对称结构。具有反传统、追求观赏性等特点。

9.2.4　音乐、电影艺术风格搭配

（1）朋克风格

朋克风格发源于20世纪60~70年代美国的"地下文化"和"无政府主义"风潮，体现出粗野、咆哮和不修饰的意味。早期朋克的典型装扮是剃掉两边的突发，用发胶胶起头发，戴上大耳环、鼻环，粗大的链条项链，黑皮夹克上装饰大量铆钉或别针，将豹纹图案的面料和军装混搭在一起，搭配破洞的T恤衫，性感内衣外穿，有明显的破坏性和毁灭性倾

图9-9　朋克风格

向。被称为"朋克之母"的英国著名服装设计师维维安·韦斯特伍德，她的经典设计就是把衣服撕裂，再用别针连接起来，喜欢把不协调的色彩堆积在一起，非常野性，具有代表性的图案是粗条纹图案。性主题是她设计的重点，在她的设计中极力强调胸部和臀部，把紧身衣当作外衣穿着。这些不雅、粗俗的样式恰恰充分体现了朋克的叛逆精神。

①造型与风格特征：20世纪90年代以后，时装界出现了后朋克风潮，鲜艳、破烂、简洁、金属是后朋克风格的主要特征，开始转向性感与甜美，色彩艳丽，甚至使用对比色。喜好搭配黑色夹克、文字或色彩艳丽的印花T恤、低腰牛仔裤或低腰短裙，铆钉、别针、骷髅造型（图9-9）。

②搭配元素：皮质铆钉手镯、金属大耳环、彩色马丁靴、鸡冠头发饰、纹身、烟熏妆；豹纹图案、骷髅图案；色彩艳丽，使用对比色。

（2）嘻哈风格（Hip-Hop）

嘻哈风格起源于20世纪80年代的美国黑人社区。Hip是臀部，Hop是单脚跳，Hip-Hop就是轻轻扭动臀部跳舞，和Rap（说唱音乐）比起来，它的节奏没那么快，比较抒情，因此非常适合作为跳舞音乐。活动场所主要是街头，街舞少年、涂鸦艺术、打碟艺术、滑板、街头篮球构成一个自娱自乐、自我宣泄的"街头文化"，在中国称为嘻哈风格或街头风格。

①造型与风格特征：男装主要特点是宽大，裤子松松垮垮地落在胯部，裆部几乎垂到膝盖，裤脚直拖地面，宽松得近乎夸张的T恤、运动外套盖住臀部，包头巾或歪戴棒球帽。女性穿着则强调性感，充分体现年轻性感的身姿，上身短而窄的夹克或紧身T恤，呈现热辣风格，下装为宽大的运动裤、牛仔裤，或者热裤、贴身而闪光的小短裙，再搭配运动鞋、太阳镜、运动型手表、手包，成为典型的嘻哈风格（图9-10）。

②搭配元素：宽大的运动服、松垮的牛仔裤、运动鞋、贝雷帽、渔夫帽、宽檐高顶帽等。

（3）洛丽塔风格

洛丽塔风格（Lolita）来源于美国小说《洛丽塔》中的主人公，洛丽塔是一个青春少女，

却又表现出女性成熟的姿态，是个典型的"少女强穿女郎装"，此装扮经过电影的传播而成为一种时尚。洛丽塔风格在日本尤为流行，并且有所发展，这与日本人信奉的可爱主义有关，许多日本成熟女性故意把自己打扮成少女模样，洛丽塔本来是"少女强穿女郎装"，在此却成了"女郎强穿少女装"。

洛丽塔风格不同于一般的少女风格（萝莉风），它既体现了少女清纯、甜美的基本特色，又加入了女性的性感造型，这正是洛丽塔风格与一般少女风格最主要的区别（图9-11）。

图9-10　嘻哈风格　　　　　　　　　图9-11　洛丽塔风格

①造型与风格特征：X型公主裙、A型超短裙，身穿洛丽塔风格的少女们在氤氲的暖色调中身着裙装，露出双肩或露出修长纤细的双腿，梦幻唯美。

②搭配元素：蕾丝花边、蝴蝶结装饰，荷叶边超短裙、娃娃裙、公主裙、高跟鞋、丝袜、辫子、浓妆。

9.2.5　社会思潮风格搭配

（1）嬉皮士风格

20世纪60年代，在西方出现一个反抗社会习俗、反战、反暴力的自发性群体，他们行为反叛，但不会主动侵犯他人正常生活，也不在意别人投来异样的目光。佩戴有反战标志、金丝边眼镜以及卷曲蓬乱的头发和胡子是嬉皮士风格的典型标志。20世纪70年代后，嬉皮士运动逐渐衰落。

①造型与风格特征：嬉皮士服装常常不分男女，雏菊是嬉皮士的标志性饰品之一，以白色菊花为主，因此嬉皮士又被称为"花童""花之子"。

②搭配元素：将各种不同风格的服装以及各种配饰搭配在一起，穿出另样的效果是嬉皮士风格的特点，如波西米亚的花哨长裤、印第安的毛毯和羽毛饰品、印度式的僧袍和念珠、中国扎染等都是嬉皮士风格的搭配元素（图9-12）。

（2）雅皮士风格

城市里中青年的专业人士也称"雅皮士""优皮士"，包括男性也包括女性。他们不与体制发生重大冲突，没有太多离经叛道和冒险精神，也没有太多的历史使命感，有的是对事业和生活品质的追求。对于25岁以上的成功男士而言，雅皮士风格是他们最好的选择（图9-13）。

图9-12　嬉皮士风格　　　　　　　　　　　　　　图9-13　雅皮士风格

①造型与风格特征：雅皮士与嬉皮士无论生活方式还是着装方式都是截然相反的。嬉皮士追求精神自由，不愿意被世俗观念束缚，他们的生活充满了音乐、宗教和狂欢；而雅皮士的生活是现实的，较高的社会地位和优厚的收入培养出他们良好的服饰品位，享受生活但不奢靡，风度翩翩，保留儒雅之气。

②搭配元素：男装为精致的套装、领带、眼镜、公文包；女装则带有中性气质，裁剪精良，减少女性化装饰。

（3）田园风格

田园风格流行于20世纪70年代，是对疯狂的嬉皮士运动的理性回归。田园风格指乡村式、牧歌式的风格，追求一种原始、纯朴自然的美，反对虚假的华丽、繁琐的装饰和雕琢的美，倡导健康、自然的生活方式。森系风格也是一种拥抱大自然、清新、犹如来自于森林般感觉的服饰风格。

①造型与风格特征：淡雅、自然、清新、健康、舒适、休闲。款式没有约束，去除浮华、繁琐的装饰，追求宽松、随意、自然之美，以弧线形为主，加以荷叶边、泡泡袖等元素，适合家居、度假、散步等轻松的活动（图9-14）。

②细节与工艺：经常使用手工制作细节，以自然

图9-14　田园风格

图9-15 职业风格

界花草树木等自然本色为主，如白色、本白、绿色、栗色、咖啡色、泥土色、朴素的蓝色等，给人视觉感觉清爽可爱、简单大方，朴素自然。

③搭配元素：棉麻质地、小方格、均匀条纹、碎花图案、棉质花边、花形饰品等都是田园风格中最常见的搭配元素。

9.2.6 功能性风格搭配

（1）职业风格（OL风格）

依据职业特点搭配不同风格的服饰，如律师、公务员等职业特点是严谨、理性，服饰风格应是正式、干练。其他职业可根据严肃性和理性程度的不同，加入不同风格的装饰。其中，女性的职业风格又称为OL（Office Lady）风格，通常指上班族女性、白领女性。OL风格的服装一般指套装、套裙，适合办公室、职场穿着（图9-15）。

①造型与风格特征：有品位、成熟的商务风格，讲究细节、重视服饰的配套性搭配。女性的职业风格款式以西装为主，可搭配西裤或者裙子，裙子不宜过短或过长，塑造新一代白领丽人简约、时尚、优雅、自信的形象。

②搭配元素：男性为商务套装；女性为套裙、高跟鞋、肉色丝袜、时尚精致的发型与妆容、香水、丝巾等。服装色彩以黑白灰、米色、蓝色为主。

（2）学院风格

学院风格主要指在学校读书的学生的制服样式，许多国家的学校要求学生穿着统一的制服。学院风格可根据服饰搭配展现为英伦学院风格、运动学院风格、淑女学院风格等。

①造型与风格特征：英伦学院风格的服装款式经典、简洁大方，女生为裙装、海军衫搭配短裙和长筒袜，男生为西装，给人以稳重、古典的印象（图9-16）；运动学院风格以运动样式为主，配白色长筒袜、黑色平底皮鞋、运动鞋或帆布鞋，给人以清新、健康、朝气的印象；淑女学院风格为泡泡袖连衣裙、长款高腰裙、粉红色公主裙，给人可爱、青春的美好形象。

②搭配元素：白衬衫、套装、连衣裙、运动服、格子图案、长筒袜、黑色平底皮鞋。

9.2.7 混搭风格搭配（新混搭BOHO风）

2001年出现新的流行趋势——混搭风格，将各种不同风格的服装以及各种配饰随意搭配在一起，穿出另样的效果，与20世纪60年代的嬉皮士风格有类似的特点。

①造型与风格特征：2011年新混搭风格风靡时尚界。BOHO风是一种新混搭风格，服装设计采用流苏、毛皮、夸张配饰，刺绣花朵的开领马夹、异域风格的粗犷饰物、带有翻毛皮的小长靴或圆跟鞋，无处不散发着成熟妩媚又热烈奔

图9-16 英伦学院风格

放的气质。搭配略带颓废感的妆容，毫无瑕疵的底妆、浓密夸张的眼妆与自然闪烁的唇妆是BOHO彩妆的要点。BOHO风继承了波西米亚的纯真、乡村风格的可爱，更添加了嬉皮主义色彩，完全不同的服饰风格搭配在一起却韵味十足（图9-17）。

②搭配元素：面料材质的混搭，如轻薄的雪纺面料搭配牛仔衣；色彩的混搭，如对比色、高纯度色彩的搭配。

9.3 任务实施

依据服装风格的分类及特点，采集相应的服装单品与配饰，组合搭配展现出以下十三种服装风格，并对其风格特征、搭配元素进行分析，完成服装风格搭配方案（表9-2），掌握服装风格搭配技巧。

图9-17 混搭风格（新混搭BOHO风）

表9-2 服装风格搭配方案

服装风格	服饰搭配照片 （单品组合搭配）	服装风格特征 （造型特征、廓型说明）	搭配元素分析 （单品的色彩、图案、材质、细节与工艺说明）
中国（中式）风格			
英伦风格			
波西米亚风格			
西部牛仔风格			
解构主义风格			
朋克风格			
嘻哈风格			
洛丽塔风格			
嬉皮士风格			
田园风格			
职业风格			
学院风格			
混搭风格			

项目四　服饰形象搭配

任务10　个人形象诊断与服饰形象定位

【任务内容】

1. 个人形象诊断内容
2. 人体尺寸测量
3. 形体特征及体型分类
4. 脸型特征及脸型分类
5. 形体其他部位特征
6. 个人内在诉求分析

【任务目标】

1. 熟悉个人形象诊断内容
2. 掌握人体尺寸测量方法
3. 掌握个人形象诊断方法
4. 熟悉不同气质类型女性的服饰形象
5. 掌握个人服饰形象定位方法

10.1　任务导入：个人形象诊断内容

服装借助廓型、色彩、图案、纹饰、肌理、材质等款式造型元素创造出美的外观形象，但是服装并非单纯的艺术欣赏品，服装最终要与人体结合形成服饰形象。

人体美的形式和内容在不同时代、社会、国家、民族和阶级中不是完全相同的。如我们都知道"环肥燕瘦"，在不同的历史时期，对于美的定义以及审美标准可能截然不同：20世纪80～90年代以来一直流行"骨感"美，21世纪初则开始流行健康美，反对过度"骨感"。同样，在国际时装舞台上，服装设计大师们对人体美的强调部位也随着流行而变化。20世纪80年代以秀腿的表现为要点，20世纪90年代突出胸部和肩部的美化，后又流行以传达腰部的美为时尚……

无论流行如何变化，个人的形体条件是相对固定的，只有少数人的形体条件接近完美，一般情况，每个人的形体条件会存在或多或少的差异，如有的人肩部过宽、有的人胸部平坦、有的人腰节偏长、有的人臀部过宽……如何根据穿着者的形体条件扬长避短呢？这就需要熟知穿着者的形体特征。对穿着者人体尺寸测量、体型分类、脸型分类、形体比例等个人外在形象诊断，以及个性、气质、习惯、兴趣、态度、价值观与服装行为等个人内在诉求分析，能够帮助我们了解穿着者形体特征和隐形特征，对个人服饰形象定位是个人服饰形象塑造的前提。

10.2 个人外在形象诊断

10.2.1 认知形体及男女形体对比

（1）认知形体

形体（Body）指人体构造，即身体的外观形态。从视觉上认知形体的主要特征，找到人体尺寸测量的准确部位，人体（女性）形体主要部位名称如图所示（图10-1）。

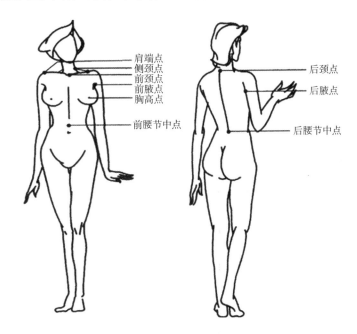

图10-1 人体（女性）形体主要部位名称

（2）男女形体对比

女性躯干宽度在臀；男性躯干宽度在肩。女性由于乳房高耸和臀部、腹部脂肪发达，显得腰部较为纤细，且腰以下较为丰满；男性腰部以上较为壮实。此外，女性的骨骼不像男性那样粗壮、突出，骨盆宽而低，肌肉不甚发达，脂肪较为丰厚，各局部特征显得光滑圆润，三围比例差异明显，腰围与臀围的数值相差较大，体型总体特征呈优美曲线，可用"X"字母型概括；而男性的骨骼粗壮而突出，骨盆窄而高，肌肉较为发达，体型总体特征呈倒三角形，可用"V"字母型来概括（图10-2）。

（3）体型三要素

体型即人体最外表的型，是对人体的总体描述和评定，包括人体比例和三围标准。

体型三要素是指骨骼、肌肉（脂肪）和皮肤。其中，骨骼决定了人的高矮；肌肉（脂肪）决定了人的胖瘦；与体型关系最为密切的是肌肉（脂肪）。描述体型的指标主要是人体形体的形态观察和人体测量两个方面。

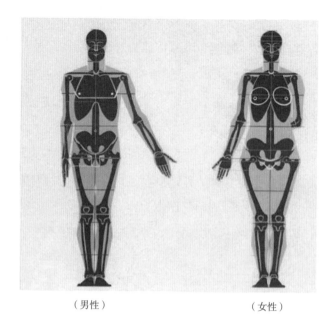

（男性）　　　　　　　　　　　　　　（女性）

图10-2　男女形体对比

10.2.2　人体尺寸测量

熟知穿着者的形体条件是服装搭配的前提，通过人体尺寸测量可以采集与获取穿着者身体各部位的尺寸，测量身体各部位尺寸也称为"采寸"。

进行人体尺寸测量时，以量体对象穿着紧身内衣较为准确，量体对象呈立正的姿态，双腿并拢挺直，脚尖稍分开，双肩放松微展，双臂自然垂下贴于裤缝，头部保持平视状态（图10-3）。测量者准备好一把软尺，站立在量体对象正侧面（或后面）对其进行人体尺寸测量（图10-4）。围度尺寸以软尺内可以插入食指为准，长度尺寸以软尺自然顺贴形体为准。

人体最为重要的胸、腰、臀三大围度测量方法是：胸围（缩写字母B）沿胸部最高点由

图10-3　量体对象的站立姿势　　图10-4　测量者的姿势（测量颈围）

前向后水平围量一周；腰围（缩写字母 W）沿腰节最细处由前向后水平围量一周；臀围（缩写字母 H）沿臀部最丰满处由前向后水平围量一周。除了胸、腰、臀三大围度测量外，还有一组围度需要测量，如颈围、肩宽、大臂围、大腿围、小腿围以及背宽等；一组比较重要的长（高）度需要测量，如身高、手臂长、腿长等（图10-5）。

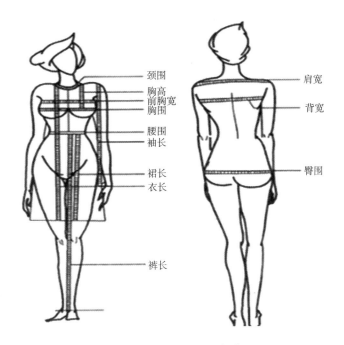

图10-5　人体尺寸测量部位

10.2.3　女性形体诊断与体型分类

通过人体尺寸测量获取穿着者身体各部位的尺寸后，可根据量体对象形体特征进行体型分类，为其选配适体服装。

（1）女性形体总体特征

体型呈X型（沙漏型）、胸臀基本等宽、细腰平稳上下身是女性匀称的标准体型。

女性会因为年龄、人种等因素而体型不同。东方女性的理想身高是162cm，胸腰差（胸围与腰围的差数）为14～18cm，标准体重（单位：kg）为身高（单位：cm）减去105。

（2）女性形体胸腰差分类代号

①Y体型：表示胸围与腰围的差数为19～24cm，这类体型在25岁以下青年女性人群中相对居多，属偏瘦（健美）体型。

②A体型：表示胸围与腰围的差数为14～18cm，这类体型在25～30岁成熟女性人群中相对居多，属标准（匀称）体型。

③B体型：表示胸围与腰围的差数为9～13cm，这类体型在30～35岁女性人群中相对居多，属稍胖（丰满）体型。

④C体型：表示胸围与腰围的差数为4～8cm，这类体型在40岁以上中老年女性人群中相对居多，属肥胖体型。

（3）女性体型分类及特征分析（图10-6）

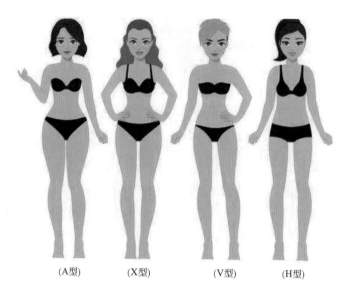

（A型）　　　（X型）　　　（V型）　　　（H型）

图10-6　女性体型分类

①A型（梨型）体型特征：胸较小或胸较平或乳房较上，小溜肩或窄肩、上腰窄，显得上半身较小；而下腰宽、丰臀、大腿粗，显得下身有沉重感。窄背、细腰、丰臀凸显女性的形体特征，比如旗袍穿在A型身材的女性身上，女性化形体特征更加明显。

②X型（沙漏型）体型特征：肩、背、臀较宽，但腰比较细。整体上看身材比较匀称，胸臀基本等宽，细腰平稳上下身，属于标准体型。

③V型（倒三角型）体型特征：肩宽，臀部与大腿相对较瘦。通常是上半身较大，体型丰满，背宽、腰粗较短，臀线高而扁，腿相对长且直，显得上身有沉重感。有时肩部过宽显得身材比较强势。

④H型（直线型）体型特征：肩部、腰部、臀部和大腿部位的宽度大致相同，这类体型的女性虽然上下身比较匀称，但基本无胸腰臀三围曲线变化，缺乏曲线美，是一种年轻体型。

10.2.4　男性形体诊断与体型分类

（1）男性形体总体特征

体型呈V型（倒三角型）、肩部平宽、胸肌发达、臀部窄小是男性匀称的标准体型。

男性也会因为年龄、人种等因素而体型不同。东方男性的理想身高为175cm，胸腰差（胸围与腰围的差数）为12~16cm，标准体重（单位：kg）为身高（单位：cm）减去100。

（2）男性形体胸腰差分类代号

①Y体型：表示胸围与腰围的差数为17~22cm，这类体型在25岁以下青年男性人群中相对居多，属偏瘦（健美）体型。

②A体型：表示胸围与腰围的差数为12~16cm，这类体型在25~30岁成熟男性人群中相对居多，属标准（匀称）体型。

③B体型：表示胸围与腰围的差数为7～11cm，这类体型在30～35岁男性人群中相对居多，属稍胖（丰满）体型。

④C体型：表示胸围与腰围的差数为2～6cm，这类体型在40岁以上中老年男性人群中相对居多，属肥胖体型。

（3）男性体型分类及特征分析

与女性形体相比，男性的胸腰臀三围数值相差较小，体型明显比较挺拔、简练。在此，男性体型分类参考美国心理学家谢尔登（W.H.Sheldon）所制定的胚层体型分类法，将其分为H型（颀长体型）、V型（粗壮体型）和O型（丰满体型）三种（图10-7）。

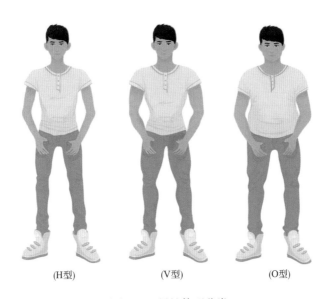

（H型）　　　　　（V型）　　　　　（O型）

图10-7　男性体型分类

①H型（外胚层体型Ectomorph）体型特征：H型是男性比较普遍的体型，一般偏瘦，呈直线型。从正面看，H型的肩不是特别宽，胸部和臀部基本相等成直线，一般胸围和腰围相差15cm左右，且四肢较瘦长，脂肪和肌肉均不发达。如果该体型的人比较瘦，会给人带来瘦高的颀长印象，属于颀长体型。

②V型（中胚层体型Mesomorph）体型特征：从正面看，V型肩部平宽、胸肌发达、臀部窄小，体型呈倒三角型（又称T型），充满男性魅力和健康美。通常，这种体型的胸围和腰围相差18cm以上，经常锻炼可以练成四肢粗壮、肌肉发达的粗壮体型，又称体育型体质。

③O型（内胚层体型Endomorph）体型特征：O型的人身材较圆，肩部自然下垂，腰围和臀围几乎相等，胸围和腰围相差12cm以下，体型丰满。过于肥胖时，其腰围可能比臀围更大，多为水桶型腰部，颈部较短，此类体型常见于缺乏运动的中老年男性。

10.2.5　脸型诊断与脸型分类

理想脸型的比例通常以"三庭五眼"为测评标准（图10-8）。

"三庭"指理想脸型的长度比例，把脸的长度分为三个等份，从前额发际线至眉骨，从眉骨至鼻底，从鼻底至下巴尖，各占脸长的1/3。

"五眼"指理想脸型的宽度比例，以一只眼睛长度为标准，从左侧发际线到眼尾（外眼角）为一眼，从外眼角到内眼角为二眼，两个内眼角的距离为三眼，从内眼角到外眼角为一个眼睛长度即为四眼，从外眼角再到右侧发际线为五眼。这样从左侧发际线至右侧发际线，把脸的宽度分成五个等份，各占比例的1/5。

每个人的脸型存在差异，并非每个人的脸型都具有理想的比例。根据脸部轮廓，通常脸型可分为椭圆形、圆形、方形、正三角形、倒三角形、长形、菱形等类型（表10-1）。

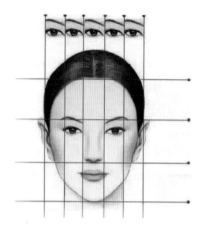

图10-8 三庭五眼测评标准

表10-1 脸型分类与脸型特征

脸型分类	脸部轮廓	脸型特征
椭圆形脸（鹅蛋脸）		椭圆形脸又称鹅蛋脸，脸部轮廓呈现柔和的曲线，属于标准脸型。有时没有棱角的脸型会显得缺乏个性，但能根据不同年龄展示良好的形象
圆形脸（圆脸）		圆形脸的长度与宽度基本相同，轮廓圆润，脸颊丰满，平面感明显。当圆形脸过大过宽时，需要通过化妆设计、发型设计、配饰以及选择合适的领型来修饰脸型，又圆又宽的脸型也可以呈现出修长的感觉
方形脸（国字脸）		方形脸又称国字脸，脸型偏方，额头宽，下颌呈现棱角，面颊偏薄，带有强韧感
正三角形脸（由字脸）		正三角形脸的额头较窄，脸部下方丰满，常见于中年女性
倒三角形脸（甲字脸）		倒三角形脸的额头比较宽，而下颌较尖，脸型呈上宽下窄且较长，呈现出精明的形象，是现代美女脸型
长形脸（瓜子脸）		长形脸的脸型偏长，额头和下颌较长，这种脸型给人成熟感和古典美

续表

脸型分类	脸部轮廓	脸型特征
菱形脸 （申字脸）		菱形脸的额头和下颌窄，颧骨突出，常见于体型消瘦的人，这种脸型显得尖锐，给人比较严厉的印象

10.2.6　形体比例诊断与分析

（1）颈部分析

量体对象目光平视正前方，垂直测量下巴至锁骨窝的数值，大于或等于9cm，就是长颈形体。

相同测量方法，垂直测量下巴至锁骨窝的数值，小于或等于6cm，就是短颈形体。

（2）肩部分析

两侧肩点宽于臀部最外侧就是宽肩形体；两侧肩点窄于臀部最外侧就是窄肩形体。

颈根处（也就是颈与肩的交汇处）水平线与肩线形成的夹角，小于或等于15°就是平肩形体，大于或等于20°就是溜肩形体。一般情况，平肩会形成短颈，溜肩会形成长颈。

（3）腰部分析

当臀围尺寸减去腰围尺寸的数值，小于15cm就是粗腰形体。公式：臀围–腰围<15cm即粗腰。

反之，臀围尺寸减去腰围尺寸的数值，大于或等于15cm就是细腰形体。公式：臀围–腰围>15cm即细腰。

（4）臀部分析

臀部最外侧明显宽于两侧肩点就是宽臀形体；臀部最外侧窄于两侧肩点就是窄臀形体。

此外，根据臀部的扁平、丰满程度，还可以分为平臀、标准臀、丰臀。

（5）手臂分析

测量大臂围时，量体对象的手臂应自然下垂，从腋下水平围量大臂一圈；测量肘关节围时，手臂也应自然下垂，在肘关节最宽处水平围量一圈。

粗臂形体公式：肘关节围+5cm≤大臂围；细臂形体公式：肘关节围>大臂围。

（6）腿部分析

膝盖骨中间围量的尺寸小于小腿肚最凸处水平围量的尺寸就是粗腿体形。

小腿肚最凸处水平围量的尺寸小于30 cm就是细腿体形。

10.3　个人内在诉求分析

如今，穿衣打扮更注重"个性化"表现，服饰形象功能之一就是表现穿着者的个性和审美情趣。每个人的个性迥异，而这些差异也形成了不同气质类型。因此，对穿着者的个性、气质，甚至审美情趣、价值观与服装行为等个人内在诉求分析，也是个人形象诊断的重要内容。在此，仅对不同气质类型女性的内在诉求分析其服饰形象，不同气质类型男性的内在诉求不展开分析。

（1）自然型女性服饰形象

自然型女性脸部及五官整体呈直线感，神态随意、轻松、不造作。直线感强、个子偏高，走起路来自然洒脱，给人以自然、随和、亲切大方的感觉。

在服装款式造型方面，应该选择直线型，简约、潇洒、随意而亲切的服饰。裁剪要简洁大方、宽松，肩位可以不用很贴身，垂在肩膀下沿为好，如A字裙、T恤衫、针织衫、牛仔裤等，这都是自然型女性显现潇洒外在形象的最佳选择（图10-9）。

在配饰方面，化妆及发型要自然，而不留过于浓艳的化妆痕迹，如裸妆及线条流畅的发型。

（2）浪漫型女性服饰形象

浪漫型女性给人以华丽而多情的感觉，适合曲线裁剪，通过圆润的肩线、纤细的腰部、丰满的胸部等身体曲线来塑造，显示其浪漫型的妩媚和个性。裙装对浪漫型而言是最好的选择，突出华丽、高雅是浪漫型气质的最好表现。

在服装款式造型方面，带有褶皱、荷叶边、缎带等线条流畅的蓬松的长裙，或花朵图案都能表现其成熟而大气的性格（图10-10）。

图10-9　自然型女性服饰形象　　　　图10-10　浪漫型女性服饰形象

在配饰方面，比较适合高跟鞋和带花饰的鞋，佩戴夸张一些的珍珠项链、豪华宝石。式样繁多的饰品是浪漫型女性的一大喜好。

（3）优雅型女性服饰形象

优雅型女性内秀柔美、温柔文静、性情柔和、追求唯美情调。

在服装款式造型方面，服装以曲线裁剪为主，领口造型应别致，可以装饰精致、窄边的蕾丝、蝴蝶结或者刺绣等，主要是突出其精致。飘逸感的连衣裙是最好的选择，或者长裙配以羊毛绒开衫也是最好的搭配。切忌中庸、夸张、过于时尚的造型（图10-11）。

在配饰方面，可采用水晶、花瓣等造型的饰品，可佩戴精致的项链、耳环等。妆容可素雅，展现女性柔美韵味的色彩，发型为盘发或微卷发。

（4）古典型女性服饰形象

古典型女性面部轮廓具有直线感，整体感觉是端庄、高贵、严谨、传统，既有都市成熟女性的精致又有传统女性高雅的韵味。

在服装款式造型方面，选择略微紧身、直线裁剪的精致高贵的服装风格，或者可以选择那些不受流行影响，具有超时代的价值和普遍性的套装也比较适合，如香奈尔套装、开襟羊毛衫等（图10-12）。

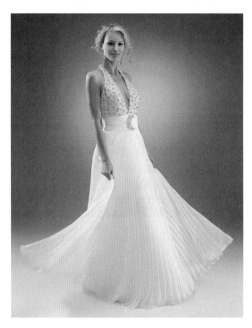

图10-11　优雅型女性服饰形象　　　　图10-12　古典型女性服饰形象

在配饰方面，可选用高贵、典雅的饰品，纯色为主，切忌夸张。

（5）少女型女性服饰形象

少女型的特征比较明显，指成年女性中有着娃娃脸，很显年轻，身材不会很高，有可爱、稚气的模样。因此，在服饰形象上要有一定的选择，要有女人的魅力又不能显得稚嫩。

在服装款式造型方面，衣领、衣襟、口袋等边缘最好是曲线，材质要以细棉、丝、纱等精细的面料为好。大衣、裙子不宜过长过大，一定要回避粗糙、生硬、老气的感觉，搭配元素应带有小可爱的成分，比如蕾丝花边、小圆点、小花朵等图案（图10-13）。

在配饰方面，饰品的造型也多以小蝴蝶、小动物造型等小巧可爱的饰物为主，搭配小圆头鞋或小尖圆头鞋。日常不宜浓妆，化妆力求透明、淡雅，烫小碎发、编发、马尾辫都很合适。

（6）戏剧型女性服饰形象

戏剧型女性驾驭服装款式的能力比较强，身材好的可以穿紧身衣，身材偏丰满的应穿较宽大的服装。

在服装款式造型方面，选择成熟、大气和夸张的服饰，不能平庸。裁剪可直可曲，以长款类为主，适合穿宽大的外套，西服可加厚垫肩（图10-14）。

在配饰方面，可佩戴比较夸张的饰品，给人以较强的视觉冲击力。

图10-13　少女型女性服饰形象　　　　图10-14　戏剧型女性服饰形象

（7）前卫型女性服饰形象

前卫型女性的面部轮廓比较清晰、明朗、个性十足。身材呈直线型、匀称，略带骨感。对时尚具有敏锐的洞察力，有着大胆创新的个性。前卫、另类，与主流时装相对的时尚风潮是她们的服装理念。

在服装款式造型方面，选择不对称的裁剪设计，如将用于连衣裙的裁剪方法运用到夹克上，通过改变夹克的常规款式，形成新的有冲击力的款式。这种方式方法可以打破传统的服饰形象，塑造与众不同、有新意的服饰形象（图10-15）。

在配饰方面，抽象的、造型夸张的帽子、鞋子、包袋都适合，或者搭配较粗的项链，将多个手镯、戒指同时佩戴，如朋克风格等。可以根据脸型来设计发型，塑造前卫个性的形象。

10.4　任务实施

每两人为一个小组，互相进行人体尺寸测量，完成尺寸测量后进行个人形象诊断与服饰形象定位（表10-2），

图10-15　前卫型女性服饰形象

掌握人体尺寸测量、个人形象诊断与服饰形象定位方法。

表10-2　个人形象诊断与服饰形象定位

个人资料分析	量体对象姓名		个人形体照片	（照片）
	性　别			
	年　龄			
	身高（单位：cm）			
	体重（单位：kg）			
	体　重	□偏轻　□标准　□偏重		

序号	人体尺寸测量	第1次（单位：cm）	第2次（单位：cm）	第3次（单位：cm）	平均值（单位：cm）
1	颈　围				
2	肩　宽				
3	大臂围				
4	胸　围				
5	背　宽				
6	腰　围				
7	臀　围				
8	身　高				
9	手臂长				
10	腿　长				

体型诊断	女　性	□A型　□X型　□V型　□H型
	男　性	□H型　□V型　□O型

形体比例诊断	脸　型	□椭圆形脸　□圆形脸　□方形脸　□正三角形脸 □倒三角形脸　□长形脸　□菱形脸
	颈　部	□长颈　□标准　□短颈
	肩　部	□宽肩　□标准　□窄肩 □溜肩　□平肩　□耸肩
	胸　部	□平胸　□标准　□丰胸 □下垂　□标准　□挺拔
	腰　部	胸腰差　□cm 胸腰差分类代号　□Y型　□A型　□B型　□C型 □粗腰　□标准　□细腰 □腰节长　□标准　□腰节短
	腹部（肚子）	□扁　□标准　□凸
	臀　部	□宽臀　□标准　□窄臀 □平臀　□标准　□丰臀
	手　臂	□粗臂　□标准　□细臂

续表

形体比例 诊断	腿 部	□粗腿 □标准 □细腿 □长腿 □标准 □短腿		
服饰形象 定位	个人内在诉求分析 （性格倾向、气质 类型、服装风格）	□自然型 □浪漫型 □优雅型 □古典型 □少女型 □戏剧型 □前卫型		
	适体服装款式造型 （服装廓型）	□A型 □H型 □T型 □V型 □X型 □O型 □S型 □其他廓型		

测量及诊断者： 日期： 年 月 日

任务11 适体服装选配

【任务内容】

1. 服装号型
2. 服饰形象定位选配适体服装
3. 体型与服装款式造型搭配
4. 脸型与领型、发型、配饰的搭配
5. 服装弥补形体技巧

【任务目标】

1. 熟悉服装号型
2. 掌握体型与服装款式造型搭配技巧
3. 掌握脸型与领型、发型、配饰搭配技巧
4. 掌握服装弥补形体技巧
5. 掌握服饰形象定位选配适体服装的方法

11.1 任务导入：服装号型

服装号型国家标准由国家质量监督检验检疫总局、国家标准化管理委员会批准发布。GB/T 1335.1—2008《服装号型 男子》和GB/T 1335.2—2008《服装号型 女子》于2009年8月1日起实施。GB/T 1335.3—2009《服装号型 儿童》于2010年1月1日起实施。服装号型国家标准自实施以来，对规范和指导我国服装生产和销售都起到了良好的作用，我国批量性生产的服装的适体性有了明显改善。我国现有的服装号型国家标准是根据我国标准的人体数据的规律和使用需要，选出最有代表性的部位，经合理归并设置。按照"服装号型系列"标准规定，在服装上必须标明号型。

11.1.1 识别服装号型

号型标志是指上装、下装系列分别标明号型，号与型之间用左斜线分开，后接形体胸腰差分类代号。例如女上装160/84A，其中：160表示身高为160cm，84表示净体胸围为84cm，A表示胸围与腰围的差数为14~18cm。

（1）号

"号"指人体的高度，以cm表示人体的身高，是设计和选购服装长度的依据。

（2）型

"型"指人体的胸围或腰围，以cm表示，是设计和选购服装围度的依据。

（3）形体胸腰差分类代号

"形体分类代号"是指胸围与腰围之间的差值，用英文大写字母Y、A、B、C表示人体

的胸围与腰围的差数为依据划分为四类，其中Y表示偏瘦体、A表示标准体（匀称）、B表示偏胖体（丰满）、C表示肥胖体。

①女性形体胸腰差分类代号：Y（表示胸围与腰围的差数为19~24cm）；A（表示胸围与腰围的差数为14~18cm）；B（表示胸围与腰围的差数为9~13cm）；C（表示胸围与腰围的差数为4~8cm）。

②男性形体胸腰差分类代号：Y（表示胸围与腰围的差数为17~22cm）；A（表示胸围与腰围的差数为12~16cm）；B（表示胸围与腰围的差数为7~11cm）；C（表示胸围与腰围的差数为2~6cm）。

11.1.2 服装号型介绍

号型系列是以各体型中间体为基础，向两边依次递增或递减组成。以5.4号型系列为例，身高以5cm分档组成，胸围以4cm分档组成或腰围以4cm分档组成。如果腰围以2cm分档组成，那该系列称为5.2号型系列。一般身高与胸围组成上装5.4号型系列；身高与腰围组成下装5.4号型系列或5.2号型系列。

以5.4号型系列为例，欧洲尺码与中国尺码存在差异（表11-1、表11-2）（各服装品牌尺码标准略有不同，此表仅供参考）。

表11-1 女装号型一览表

尺码		XS	S	M	L	XL	XXL
欧洲女装（英寸）	上装号型	34	36	38	40	42	44
		155/80A	160/84A	165/88A	170/92A	175/96A	180/100A
	下装号型	27	28	29	30	31	32
		155/64A	160/68A	165/72A	170/76A	175/80A	180/84A
中国女装（厘米）	上装	155/76A	160/80A	165/84A	170/88A	175/92A	180/96A
	下装	155/60A	160/64A	165/68A	170/72A	175/76A	180/80A

表11-2 男装号型一览表

尺码		XS	S	M	L	XL	XXL
欧洲男装（英寸）	衬衣	38	39	40	41	42	43
中国男装（厘米）	上装	165/88A	170/92A	175/96A	180/100A	185/104A	190/108A
	下装	165/72A	170/76A	175/80A	180/84A	185/88A	190/92A

11.2 服饰形象定位选配适体服装

11.2.1 女性体型与服装款式造型搭配

（1）A型（梨型）体型的适体服装搭配

梨型体型的女性通常是上半身较小、窄背、细腰，但臀围线又低又圆，有时臀部丰满加上腿短会显得下身有沉重感。

对于梨型体型的女性来说，最重要的是通过选择正确的服装来保持上下身的匀称。上衣可选择适当宽松但依然能保持身材的服装，色泽比下装更亮或者带有花纹。紧身服装会破坏上下身的匀称感，因此应尽量避免。还可以利用服装细部，如领子、口袋等，或者围巾等饰品，把他人的目光转移到上半身。

挑选下装时，贴身服装能突出下体曲线，因此最好选择厚度适当的A型或喇叭型裙子，它们既宽松又可以自然流露出设计风格。在选择裤子时，线条独特且款式简单的样式比贴身样式效果更好（图11-1）。

图11-1　A型体型的适体服装搭配

（2）X型（沙漏型）体型的适体服装搭配

沙漏型体型的女性肩、背、臀较宽，但腰比较细。整体上看形体较匀称，但细腰显得胸部和臀部比实际大。

因此，沙漏型体型应适当缩小丰满的胸部和臀部以及纤细的腰部三个部位之间的差异，塑造充满魅力的女性美。可在腰部搭配宽腰带，也可穿夹克或腰部曲线不明显的连衣裙，以弥补过细的腰身，使人显得神采奕奕（图11-2）。

（3）V型（倒三角型）体型的适体服装搭配

倒三角型体型的女性肩宽，臀部与大腿相对较瘦。通常是上半身较大，背宽、腰粗，而臀线高而扁，腿相对长且直，显得上身有沉重感。

对于肩部过宽显得身材比较强势的女性来说，要避免选择有垫肩设计或肩部装饰性较强的服装，那会显得肩部更宽。因此，上衣应选择宽松、自然下垂的简单设计，款式上要避免胸线处有平行皱缝合褶边之类的宽松设计。此外，如果选择有设计亮点或者面料具有量感的上衣，形体会显得比较沉闷。

图11-2 X型体型的适体服装搭配

为了最大限度地表现上衣的膨体感，同时把视线转移到腰部和下半身，应选择喇叭型、有碎裥或有褶裥的裙子，也可选择有细部设计的宽松裤子（图11-3）。

（4）H型（直线型）体型的适体服装搭配

直线型体型的女性肩部、腰部、臀部和大腿部位的宽度大致相同，这类体型的女性虽然上下身比较匀称，但缺乏曲线美。

整体上，直线型体型适合塑造成带有宽松感的形象，自然地表现出身体的腰部和腹部。

图11-3 V型体型的适体服装搭配

与其把上衣系进裤子里，倒不如像女套衫和束腰上衣那样露在外面，能够带来不错的视觉效果。多层式服装搭配也适合此类体型。直线型体型还可穿着几何型曲线样式或有纽扣、混边等细部修饰的服装，把人们的视线往身体中间集中；把带有特别纽扣设计的腰带扎在腰身上，可以自然地塑造出腰部的曲线。与此同时，可以用项链、耳环、围巾等饰品，将别人的视线集中在上半身，这些搭配都可以起到很好的体型修饰效果。

全身没有过多脂肪的消瘦感的直线型体型，体重通常低于正常值，具有较窄的肩部和臀部，平胸、细腰，手臂和小腿都比较细，形体笔直又有棱角，因而显得苗条。此类体型适合穿淡化消瘦感的量感服装以及暖色调服装，因为暖色比冷色更有膨胀感。针

图11-4 H型体型的适体服装搭配

织品不仅保暖，其材质本身带有量感，可以让消瘦感的直线型体型更加柔美。与此同时，带有垫肩设计、略微细长的针织品配上双排纽扣的夹克效果更好（图11-4）。

11.2.2 男性体型与服装款式造型搭配

（1）H型（颀长体型）体型的适体服装搭配

H型体型是男性比较普遍的体型，一般偏瘦，呈直线型。从正面看，H型的肩不是特别宽，胸部和臀部成直线。如果该体型的人非常瘦，会给人带来瘦高的颀长印象。

H型体型的男性只要不过于瘦小，很容易塑造出各式各样的服饰形象。偏瘦的H型的男性穿着灰色、棕色等色彩比深色效果更好，不宜选择材质过薄的服装。穿着人字呢、小方格等纹样的粗花呢服装具有空间感，会调和H型的锐利感。双排扣外套、夹克与背心组合搭配的三件式套装也适合此类体型的男性穿着（图11-5）。

（2）V型（粗壮体型）体型的适体服装搭配

V型体型的男性从正面看，全身属肩部最宽，胸肌发达、臀部窄小，体型呈倒三角型（又称T型），充满男性魅力和健康美。经常锻炼可以练成四肢粗壮、肌肉发达的粗壮体型。

V型体型的男性只要个子不过于矮小，塑造各种服饰形象都会非常容易（图11-6）。如果身材矮小，可以通过缩小肩宽来弥补。利用口袋饰巾或用眼镜、太阳镜等配件来强调脸部轮廓，再搭配直筒裤，形体看上去会高大一些。此类体型不适合穿着过于鲜明的套装，会具有很强的威慑感。此外，肥胖的V型体型不适合穿欧式风格的套装。

（3）O型（丰满体型、矮胖体型）体型的适体服装搭配

O型体型的男性身材较圆，肩部自然下垂，腰围和臀围几乎相等，过于肥胖时，颈部显得较短，其腰围可能比臀围更大。此类体型常见于缺乏运动的中老年男性。

图11-5　H型体型的适体服装搭配

图11-6　V型体型的适体服装搭配

O型体型的人给人一种较为笨重的印象，应塑造充满自信和活力的形象。可以选择H廓型的服装，服装面料不宜过于柔软或轻薄。穿着套装时，宜选择V型领且肩部硬挺的上衣，以塑造爽朗的形象。如果在打领带时加入凹槽，将显得更加充满活力。此外，深蓝色或黑色等深色的细纹正装也很合适O型体型男性穿着。

穿着上下颜色相近的服装可以凸显休闲风格。对于矮个的O型体型的男性来说，下装颜色应比上衣颜色深一些，视觉上会高大一些。此外，如果矮个、腰腹部肥胖的男性，建议裤装上搭配背带，会显得既精神饱满又清爽干练（图11-7）。

图11-7　O型体型的适体服装搭配

11.2.3　脸型与领型、发型、配饰的搭配

（1）椭圆形脸（鹅蛋脸）

椭圆形脸又称鹅蛋脸，属于标准脸型，有时会显得缺乏个性，但能根据不同年龄展示良好的形象。

①领型选配：椭圆形脸型的人选配服装时，适合大多数领型，不太适合穿过高遮挡脸部的领子（图11-8）。

②发型设计：设计发型时，不要留过长的头发，要展示自然的发型。无论是强调脸部两侧的发型或者松散地扎个辫子，都会带来比较好的效果。

③配饰：适合椭圆形脸的饰品有项链、耳环、围巾等。只要这些饰品不是特别长，样式基本都适用。

（2）圆形脸（圆脸）

圆形脸的脸型偏短，缺乏棱角。当圆形脸过大过宽时，需要通过化妆设计、发型设计、配饰以及选择合适的领型来修饰脸型，又圆又宽的脸型也可以呈现出修长的感觉。

①领型选配：对于圆形脸的人，为了塑造脸型轮廓清晰的形象，宜选择V型领或者低领的服装，能够使脸型看起来更修长（图11-9）。

②发型设计：圆形脸适合选择露出前额或者遮盖脸部两侧的发型，头发不宜过长也不宜过短。

③配饰：适合圆形脸的饰品必须有质感，不能选择太宽的，最好有棱角。

图11-8　椭圆形脸的领型选配　　　　图11-9　圆形脸的领型选配

（3）方形脸（国字脸）

方形脸又称国字脸，脸型偏方，下颌有棱角。男性脸型如果是方形脸，显得阳刚；但如果女性的脸型是方形脸，显得比较中性化，缺乏柔美感。

①领型选配：方形脸的人选配服装时，可选择V型领或者U型领，通过领口柔美的线条来弥补下颌所带来的生硬感，从而塑造出柔美的形象（图11-10）。

②发型设计：对于方形脸的人，在设计发型时应尽量展现出温柔感。可以选择长发，头发长度以到下颌为佳。在头顶部加入重量感，前额发型做出柔美的波浪式。

③配饰：方形脸的人在饰品选择上，不宜选择显眼的饰品，也不宜选择蓬松和过宽的饰品。

（4）正三角形脸（由字脸）

正三角形脸的人额头较窄，脸部下方丰满，常见于中年女性。

①领型选配：正三角形脸的人选配服装时，可选择窄长的领型，通过领型的纵长线条来弥补脸部下方的丰满感，从而修饰上窄下宽的脸型（图11-11）。

②发型设计：正三角形脸的人在发型设计上，应该尽可能使头顶两侧的头发蓬松，并把头发留到下颌部或者肩部位置，遮挡脸部下方丰满的部位。

③配饰：正三角形脸的人选择饰品时，不宜选择过宽过大的饰品。

图11-10　方形脸的领型选配

（5）倒三角形脸（甲字脸）

倒三角形脸的人额头较宽，而下颌较尖，脸型呈上宽下窄且较长。要想使脸部上下均衡，必须柔美地修饰下颌。

①领型选配：倒三角形脸的人选配服装时，服装的领口可选择表现温柔感的圆领或者一字领（图11-12）。

图11-11　正三角形脸的领型选配　　　　图11-12　倒三角形脸的领型选配

②发型设计：倒三角形脸的人在发型设计上，应该尽可能把头发留到下颌部或者肩部位置，额头不宜暴露过多。

③配饰：倒三角形脸的人选择饰品时，不宜选择过长的饰品。

（6）长形脸（瓜子脸）

长形脸的脸型偏长，额头和下颌较长，这种脸型给人成熟感和古典美。要想使长形脸的人显得柔美，除了垂直感之外还需要注意横向感的修饰。

①领型选配：长形脸的人选配服装时，适合选择曲线型的领型或者领口柔和的服装，如圆领、船型领等，可以塑造出柔美的女性形象（图11-13）。

②发型设计：长形脸不宜留披肩长发，短发反而更适合这类脸型。

③配饰：长形脸的人佩戴饰品时，不宜佩戴长款项链，更不宜佩戴较长的耳环，紧贴型的耳环、耳钉反而更适合。

图11-13　长形脸的领型选配

（7）菱形脸（申字脸）

菱形脸的脸型下颌曲线显得锐利，颧骨突出，给人比较严厉的印象。

①领型选配：菱形脸的人选配服装时，服装的领口应选择给人以柔和感的圆领（图11-14）。

②发型设计：菱形脸在发型设计过程中，需要掩饰棱角，缩短两腮的间距，塑造出柔美的形象，修饰额头两侧部位的头发比修饰前额的头发效果更好。

③配饰：菱形脸的人选择饰品时，可以利用围巾缓和脸部棱角。

11.2.4 服装弥补形体技巧

为了弥补形体的不足，可以借助服装和饰品，也可以采用能把视线转移到其他部位的方法。下面介绍一些服装弥补身体特定部位缺点的方法。

（1）颈部

颈部的长度和粗细往往是决定颈部美感的关键。

首先，对于颈部又短又粗的体型来说，应选择V型或U型领口的上衣，尤其选择低圆领、深V领，这样可以显得颈部较长（图11-15）。领部带有褶边、肩部带有肩章、高翻领上衣以及又短又大的耳环、紧贴颈部的项链等，都会增添颈部的体积感，造成短颈的视觉效果，让人显得沉闷。

图11-14　菱形脸的领型选配　　　　图11-15　V领型的选配

颈部又长又细与颈部又短又粗正好相反，应选择高围领、小圆领、立领（图11-16）。也可以通过围巾、头巾、渐变颜色上衣等弥补颈部过长的不足，还可佩戴有量感的饰品或穿着有量感的服装，以及可选择能增添颈部量感的船型领或垂褶领的上衣。

（2）肩部

肩部的宽度及其下垂程度决定肩部美感。如果女性的肩部过宽就会缺乏女性美，而肩部过窄又会显得头部给人瘦小的印象。

　　因此，对于肩宽的人来说，应尽量避免进行肩部装饰，应将视线从肩部转移到其他部位。首先，应选择狭窄的V型或者U型领口的上衣，尤其选择深V领，如果选择翻领要注意选择小翻领；袖子选择落肩袖、连肩袖、蝙蝠袖等（图11-17）。肩宽会给人生硬的印象，可

图11-16　立领型的选配　　　　　　　　　图11-17　落肩袖的选配

以用厚度适当的柔滑面料的服装加以弥补。不宜选择锥形裤。

　　窄肩的人正好相反，服饰形象塑造时最重要的是在肩部增添有水平效果的装饰，或者可以增加肩部宽度的细节打扮。可选择翻驳领、方领、小圆领，也可选择有垫肩或有肩章、肩襻装饰的上衣。肩部有厚重褶皱的服装、披肩以及泡泡袖衬衫或罩衫等都能弥补窄肩的缺陷，塑造出可爱的形象（图11-18）。

　　肩部下垂的体型显得缺乏自信和消极，因此应穿着带有垫肩和小垂片装饰的上衣。如果能将视线从肩部转移到腰带或包袋上，也会达到很好的效果。

　　（3）胸部

　　胸部较平的人适合穿带有褶边、多层抽褶等设计的衣服，并可戴上多串项链，从而增添胸部的量感。胸部周围有蝴蝶结、荷叶边设计或泡泡袖同样会给胸部带来量感（图11-19）。

图11-18　泡泡袖的选配

　　胸部过大的人不宜选择胸部周围有分割线、口袋以及褶边等细节设计的服装。相反，需

要用箱型衬衣或多层式服装来遮掩过于丰满的胸部（图11-20）。

此外，胸部下垂的人应选择小圆领、花式领型或者双排扣的服装。而胸部高挺的人可以选择无领、抹胸设计，吊带衫或者单排扣的服装。

（4）手臂

手臂的问题主要集中在手臂长度和围度上。

手臂较长的人适合穿七分袖或大袖口的衬衣和外套，戴宽手镯（图11-21）。为了让他人视线不要长时间地停留在手臂上，可以用华丽的围巾、头巾、耳环、帽子、太阳镜等饰品进行修饰，使视线上移。

图11-19　荷叶边服装的选配　　　　图11-20　多层式服装的选配　　　　图11-21　袖型的选配

相反，手臂较短的人适合选择九分袖、连肩短袖或较长的袖子。插肩袖、和服袖等也可以弥补手臂短的缺点。

粗臂或者细臂的人不应该穿着过于紧身的衬衣或外套。

（5）腰部

腰部主要存在围度和腰节长度两个问题。腰节过长会显得下体较短，腰节较短虽然显得腿长，但上半身会显得相对肥胖。

腰节短的人适合选择没有腰线或腰线设计较低的上衣，也可以装饰腰带以降低腰线。如果颈部较长的话，也可以选择立领之类的服装来增长上体。此外，还可选择休闲的街舞裤进行搭配。

腰节长的人可用宽衣领将视线向水平方向展开，或穿高腰衣服以提高腰线。像狩猎夹克一样带有口袋和腰带等细部设计的上衣能分散视线，弥补腰节长的缺点。

腰粗的人最好能把别人的视线从腰部转移开，可用宽领或围巾吸引目光，或用稍轻便的织物塑造多层式风格，都能弥补粗腰的缺点。腰过于细长且肚子扁扁的人适合穿没有腰线或胸部和臀部之间留有空间的服装。露于衣外的衬衣或带有垫肩的短款上衣也能让人显得朝气蓬勃。佩戴饰品时，可选择粗腰带或装饰性较强的腰带（图11-22）。

（6）臀部

臀部的问题在于臀部是否下垂或臀部体积的大小。

臀部下垂的人需要搭配耳环、项链、太阳镜等饰品来提升他人视线。不适合穿过于紧身的裤子和裙子，可以选择较长的夹克、背心等稍稍盖住臀部。

臀部大的人可以穿着宽松的上衣来弥补上下身的不均衡，或者用长衣服盖住臀部。下身可选择宽松裤子或者像喇叭裙一样自然下垂的服装。相反，臀部小的人适合穿锥形裤，前面带有褶皱以及臀部有口袋装饰的裤子都会增加臀部的量感（图11-23）。

图11-22　腰部适体服装的选配　　　　图11-23　臀部适体服装的选配

（7）腿部

腿部的问题在于长短、粗细以及弯曲度。

腿短的人不宜选择翻边裤或者短立裆裤。短上衣或高腰上衣搭配与下装颜色相近的丝袜和皮鞋，会显得腿长。

腿弯或较细的人适合穿宽松的裤子和裙子，不要穿过短的靴子。即便是长筒靴，也不要选择紧贴型的，选择靴筒稍微有空隙的靴子瘦腿效果更好。此外，斜纹软呢或灯芯绒等有厚度感的面料，或者格子、方格花纹的裙子或裤子，长袜等配饰也适合这类体型穿着（图11-24）。

11.3　任务实施

根据"表10-2 个人形象诊断与服饰形象定位"任务所获取的量体数据及个人形象诊断结果，完成形象定位选配适体服装的三个子任务：体型定位十字象限图（图11-25）；脸型定

图11-24 腿部适体服装的选配

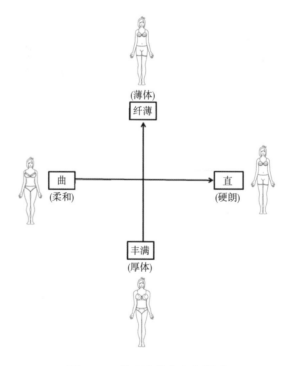

图11-25 体型定位十字象限图

位十字象限图（图11-26）；适体服装选配（春夏装、秋冬装）。掌握服饰形象定位选配适体服装的方法。

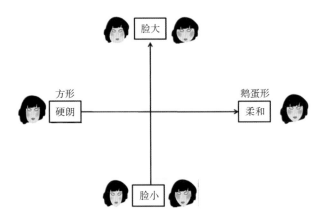

图11-26　脸型定位十字象限图

11.3.1　体型定位十字象限图

体型定位十字象限图源自艾森豪威尔的十字法则（又称四象限法则），通过一个十字将体型类别分成四个象限，分别是柔和的薄体、硬朗的薄体、柔和的厚体、硬朗的厚体，然后将不同体型归类到合适的象限中去。这样，不仅比常规的体型分类（女性分为A型、X型、V型、H型；男性分为H型、V型、O型）更为精确，还能根据个人体型的变化，动态调整体型在象限中具体位置，有助于个人适体服装的选配（图11-27）。

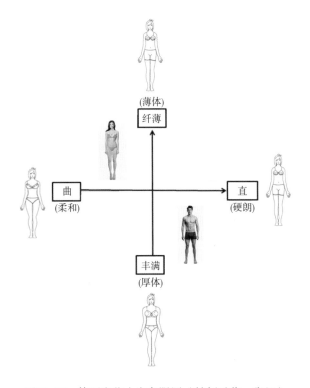

图11-27　体型定位十字象限图（教师示范：张虹）

11.3.2 脸型定位十字象限图

脸型定位十字象限图同样源自艾森豪威尔的十字法则（又称四象限法则），通过一个十字将脸型类别分成四个象限，分别是硬朗的大脸型、柔和的大脸型、硬朗的小脸型、柔和的小脸型，然后可以将不同脸型归类到合适的象限中去。这样，不仅比常规的脸型分类（椭圆形脸、圆形脸、方形脸、正三角形脸、倒三角形脸、长形脸、菱形脸）更为精确，还能根据个人脸型的变化，动态调整脸型在象限中具体位置，有助于个人适体服装领型的选配（图11-28）。

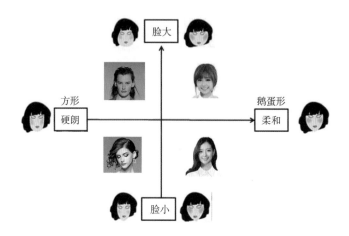

图11-28 脸型定位十字象限图（教师示范：张虹）

11.3.3 适体服装选配

依据个人形象定位选配适体服装春夏装5套、秋冬装5套（图11-29）。

图11-29 学生创新作品：适体服装选配（指导教师：张虹）

任务12　服饰形象美学搭配

【任务内容】
1. 服饰搭配美学原理
2. TPO原则
3. 服饰形象美学搭配

【任务目标】
1. 熟悉服饰搭配美学原理
2. 熟悉TPO原则
3. 掌握TPO原则的服饰形象美学搭配技巧

12.1　任务导入："五五三八七"定律

西方学者雅波特教授提到"在人与人的互动行为中，别人对你的观感只有7%是注意你的谈话内容，有38%是观察你的表达方式和沟通技巧，如态度、语气、形体语言等，但却有55%是判断你的外表是否和你的表现相称，也就是你看起来像不像你所表现出来的那个样子"。

以此，我们概括"五五三八七"定律，即我们对于陌生人第一印象的55%来自对方个人形象的视觉表达，38%来自对方说话的语气，7%来自说话的内容。因此，个人形象设计与文化修养提升两方面在塑造个人形象中起重要作用。从价值提升角度来说，形象设计是塑造良好个人形象的捷径，形象设计的核心任务就是塑造良好的服饰形象。个人形象设计在社会生活中的作用有以下几个方面。

（1）打造完美的第一印象

第一印象是根据对方的外貌而产生的感觉。心理学家指出，人们一般会在30秒之内揣测出陌生人的性别、年龄、身材、职业、性格等。互联网时代在某些场合是颜值时代、形象时代。良好的个人形象不仅能缩短人与人之间的距离，还可以转换成个人优势，最大限度地发挥潜力和特长，让人信心百倍地投入到社会生活之中，从而提高生活品质。

（2）个性表达

个性就是区别与他人的特性，包括性格、习惯、兴趣、态度、思考方式等。总体来讲，个性是每个人所独有的。人与人之间存在着差异，而这些差异也体现在个性特征之中。

（3）信息传递

服装在形象设计中具有无声语言的功能。形象传递出一系列的个人信息，如性别、年龄、职业、社会地位、经济状况等，甚至人生观和价值观。同时，形象设计还有助于自我整体形象的形成。

在提供形象设计服务时，专业形象顾问会根据客人提供的TPO（Time、Place、Occasion

或Object）设计目标形象，并为达到目标形象而应进行的一系列工作步骤。只有这样，客人的社会角色和职业信息才能更有效地得到正面传播。

（4）助推事业

成功者都有与众不同的一面。如果一个人对自己的外貌充满自信，那他的行为处事自然会信心百倍。人们正是凭借自己的外在形象以及言谈举止来判定自我价值，助推事业，从而提高生命的质量。

（5）提升经济效应

在产业经济层面，成功的形象设计可以提升经济效用价值。如演艺明星和体育名将，他们在市场宣传中的影响力与经济有着直接的联系，如知名品牌聘请名人担任该品牌的形象代言人，有时其市场效应已经超越形象设计的范畴。因此，塑造并使用好个人形象在市场影响力这一需求已经派生出一个庞大的产业。

12.2　服饰搭配美学原理

美化人体是服装艺术的基本作用之一。人体展示服装穿着效果，表现人体美也是服装的一种设计技巧，如紧身衣的以藏表露，蕾丝网眼纱中人体的若隐若现，华贵晚礼服的袒露结构等。服饰搭配应以体现人体的美感为宗旨。

形式美基本原理和法则是一切视觉艺术都应遵循的美学法则，包括绘画、雕塑、建筑等众多艺术形式，也贯穿于服装设计中。服饰美学原理是对人体美加以分析、组织、利用并形态化的反映，从本质上讲就是变化与统一的协调。服饰搭配美学原理主要有比例、对称、均衡、节奏、韵律，以及变化与统一六个方面的内容。

12.2.1　比例原理：体型美

比例的概念来自于数学黄金分割比，在服饰形象视觉搭配中往往指的是服装各部分的尺寸比、不同色彩的面积比或不同部件的体积比等，如服装的褶皱疏密的对比，厚重的外衣面料与薄如蝉纱的内衣面料的面积比。服饰形象搭配的比例会随着潮流的变化而变化，不一定绝对符合黄金分割比，但一定遵循美的原则。通过恰当的比例来遮掩或弥补人体体态上的不足（图12-1）。其主要的比例形式美表现如下：

（1）各部位之间的比例

衣长与身高的比例；衣长与肩宽的比例；腰线分割的上下身长的比例；衣服的各种围度与人体胖瘦的比例。

（2）服饰与体型的比例

帽子、首饰、包袋、手套、腰带、鞋袜等服饰形状大小与人体高矮胖瘦的比例。

（3）服饰色彩搭配比例

服装色彩配置中各种色彩的运用面积、位置、排列、组合、对比与调和的比例；服饰配件色彩与服装色彩的比例。

12.2.2　对称原理：端庄美

平衡是指物体或系统的一种相对稳定和谐的状态，在不同科学领域含义也不同。服饰形象搭配中的平衡更强调的是人们视觉和心理的感受，有对称和不对称两种形式。对称是平衡

图12-1　比例

最简单、直接的一种形式，表现为对比的各方在面积、大小、材质等方面保持相等状态的平衡，传达一种严谨、端庄、安定、稳重的感受，但有时未免显得呆板无趣。对称原理适用于制服、工作服、职业装、军装等严肃的服饰。

对称是服装造型的基本形式，即使是潮流多变的时装也存在局部形式上运用对称原理。其主要的对称形式表现为上下、左右、前后形状的大小、高低、线条、色彩、图案等完全相同的装饰组合（图12-2）。

图12-2　对称

12.2.3 均衡原理：高雅美

不对称的平衡指对比的各方以不失重心为原则的均衡。服装造型的均衡，指左右不对称却又有平衡感的形式，能在色彩、尺寸、款式造型等方面互相补充，保持整体的均衡统一。相较对称而言，均衡更活泼，多运用于现代服饰形象搭配中，尤其适用于礼服（图12-3）。

均衡一般通过门襟位置的变化、纽扣位置和排列的变化、口袋大小和位置的变化、服装色彩和服饰配件的变化、装饰手段和表现手法的变化等方法来实现。在礼服上应用均衡原理常常表现为重心靠下的左右、前后均衡，有安定、稳重、高雅的感觉。色彩上，亮色施于大面积上、暗色施于小面积上，形成面积大小和色彩明暗的均衡。

图12-3 均衡

12.2.4 节奏原理：层次美

节奏、韵律本是音乐的术语，指音乐中音的连续、音与音之间的高低以及间隔长短的连续奏鸣下反映出的感受。

服装造型的节奏主要体现在点、线、面的规则和不规则的疏密、聚散、反复的综合运用。一套服装必须要有虚有实、有松有紧、有疏有密、有细节与整体之论，才会有节奏感（图12-4）。以此，我们概括上下装廓型搭配的节奏为：一直一曲、一放一收、一张一弛。

12.2.5 韵律原理：律动美

服饰形象视觉搭配的韵律是指服装的宽窄、长短、色彩的运用，服饰配件的选择，比例及布局，形象装扮等表现出像诗歌一样的抑扬顿挫的优美情调。服装点、线、面及色彩的变化也可以体现出"轻、重、缓、急"有规律的节奏变化。韵律变化的形态富有律动美，如领口、袖口、裙子的叠褶或者流苏等装饰，随着形体的运动表现为微妙或者激烈的动感，单纯的、复杂的韵律体现了青春、灵动、活泼的律动美（图12-5）。

图12-4 节奏

图12-5 韵律

12.2.6 变化与统一原理：秩序美

变化与统一是构成服装形式美诸多法则中最基本，也是服饰搭配美学最重要的一条原理。

变化是指相异的各种要素组合在一起时形成了一种明显的对比和差异的感觉，变化具有多样性和运动感的特征，而差异和变化通过相互关联、呼应、衬托达到整体关系的协调，使相互间的对立从属于秩序的关系之中，从而形成统一，具有同一性和秩序感。

变化和统一的关系是相互对立又相互依存的统一体，缺一不可。在服饰形象美学搭配中，既要追求服装款式造型、色彩的变化，又要防止各搭配元素杂乱堆积缺乏统一性。在追求秩序美感的统一风格时，也要防止缺乏变化引起的呆板、单调的感觉。因此，在统一中求变化，在变化中求统一，并保持变化与统一的适度，才能使服饰视觉形象日臻完美（图12-6）。

图12-6　变化与统一

12.3　TPO原则的服饰形象美学搭配

最早提出TPO原则的是日本，该原则于1963年由日本男装协会（MFU）作为该年度的流行主题提出的，其目的是在日本国内确立男装的国际规范和标准，以提高国民整体形象。这一原则不仅给当时日本国内男装市场的细分化趋势提供了指导，同时也是为迎接1964年在日本东京举行的奥林匹克运动会做准备，促使国民在国际各界人士面前树立良好的服饰形象。TPO原则不仅在日本国内迅速推广普及，始料未及的收获是TPO原则也被国际时装界所接受，并成为通用的国际服装准则。

TPO原则要求人们在着装上兼顾适应具体的时间、地点和场合（或目标），不能一味地"跟着感觉走"，盲目地追赶时髦。职业场合着装通常严肃稳重；休闲场合着装通常舒适自然；社交场合着装通常追求新颖个性。服装形象美学搭配应该以TPO作为基本原则，力求与国际着装标准接轨。

12.3.1　TPO原则

TPO原则是目前国际上公认的穿衣原则，也是着装的基本要求。TPO分别表示为时间（Time）、地点（Place）、场合（Occasion），也有的指目标（Object）。即着装应该与当时的时间、地点，以及所处的场合相协调，是着装"恰当性"的体现。遵循TPO原则，使穿衣搭配合乎礼仪规范，显得有礼仪、有风度。在TPO原则基础上，再根据个人体型、年龄、职业、气质、审美情趣等进行服饰元素组合搭配，就能令人赏心悦目、自然而又富有个性。

12.3.2　时间原则与服饰形象美学搭配

T代表Time（时间、季节）。不同时段的着装规则对女士尤其重要，女士的着装应随着时间而变化，它具有季节性、年龄性、地域性和时间（日夜）性。

首先，服装的选择要适合季节气候的特点，保持与潮流大致同步，切忌冬天为了风度而穿得过于单薄，夏天则穿得太少太露。

其次，服装有青年、中年与老年之分，应按年龄进行选配。

再次，城乡服饰、南北服饰也有差别，城市服装色彩偏灰、乡村服装色彩偏艳；南方服装色彩偏浅、北方服装色彩偏暗。

最后，服装穿着日夜有别。白天工作时，女士应穿着较为正式的套装，以体现职业性和专业性（图12-7）；晚上居家时则以方便、舒适的衣着为主；如是出席宴会则须添加一些装饰，如戴上有光泽的配饰、系一条漂亮的丝巾、穿细高跟鞋等。通常，男士只要有一套质地上乘的深色西服或中山装就可以满足白天的工作时间（图12-8）。

图12-7　职业女性服饰形象美学搭配（时间原则）　　图12-8　商务男士服饰形象美学搭配（时间原则）

12.3.3　地点原则与服饰形象美学搭配

P代表Place（地点、场合），指的是服饰搭配要与地点、场所、环境相适应。在不同的地点和环境，着装的款式也应有所不同，即特定的环境应配以与之相适应、相协调的服饰，以获得视觉与心理上的和谐感。

例如，外出时要顾及当地的传统和风俗习惯，若去教堂或寺庙等场所，不能穿过露或过短的服装；在单位或公司，职业装会显得专业，倘若把运动衣、牛仔服、拖鞋穿进办公室和社交场所，都会与环境不相符合；外出旅行时，则可以穿着运动衣、牛仔服等休闲、自由、个性的服装（图12-9）；在家里则可以穿着舒适但整洁的居家服。

12.3.4　场合原则与服饰形象美学搭配

O代表Occasion（场合）或Object（目标、对象）。衣着要与场合协调，不同的场合其着装要求有所不同。尽管每个人的个人喜好色彩与服饰风格不尽相同，且各种不同服饰色彩与风格的人在不同场合着装特点也不一样，但衣着场合有其共性可循。

（1）职业场合

严肃职场指正式职业（商务）场合，其气氛一般是严肃的，节奏是快速的，思维是冷静的，有时甚至是强硬的、针锋相对的，与之匹配的是庄重大方的衣着。它要求女性着装风格既不要太时髦，也不要太保守；不过度展现性别特征；忌服装色彩过于鲜艳，以中纯度、中明度、弱对比色彩搭配为佳；注重对服装品质的选择。男装对其着装品质、风格、搭配要求较高。如与客户会谈、参加正式会议等，男士应穿西服、毛料中山装或职业制服，女士则可穿套装、套裙、职业装等（图12-10）。

图12-9　TPO原则的服饰形象美学搭配（地点原则）　　图12-10　TPO原则的服饰形象美学搭配（职业场合）

一般职场指一般工作场合，其气氛介于严肃职场与休闲场合之间，一般是开放、友好、互相尊重、较为融洽的。此时，服装的色彩纯度偏低，明度为中、强对比；款式可以是便装、夹克等，以体现出端庄、美观、自然的形象，给人以愉悦感和亲切感。

职业场合的服饰形象视觉搭配共性：服装并非一定要高档华贵，但需整洁平整；服装色彩巧搭不超过三种；除了服装之外，鞋袜配饰要合理搭配；饰品点缀少而精，以能够起到画龙点睛、增添色彩的作用为主。通过色彩搭配、款式变化和一些简洁的饰品等细微之处可以显示个人独特的个性魅力和气质。切忌着装随意，不符合场合要求，显得尴尬。

（2）休闲场合

休闲场合穿着的服装色彩较为丰富、风格多样、个性突出。选配适合自己的最佳服装色彩及最佳服装风格，以展现自己独特的个性。如能依据自身特征将流行色及流行风格融入服饰搭配中，则会更加出色。

按其休闲类型一般可分为：都市休闲、家居休闲、户外休闲、运动休闲等，其色彩搭配、服饰风格也有所不同。如在郊游、远足、体育锻炼时，着装应轻便、舒适和随意，色彩搭配则要体现轻松、愉快、明朗的感觉，男士主要以夹克、T恤、运动类服装为主。都市休闲中，通常采用纯度偏低，明度为中、强对比的配色；家居休闲中，通常采用纯度偏低、明度弱对比的配色；户外休闲时，通常采用纯度偏高的色彩；运动休闲时，则以纯度偏高、色相强对比的配色为佳（图12-11）。

（3）约会场合

约会场合因内容的不同会有不同的要求。如在较正式的约会中，女性要体现时尚而不失端庄；在与亲密朋友约会时，则要体现浪漫、温情、细腻的女性特质。色彩搭配应考虑明度偏高，纯度偏低，明度中、弱对比（图12-12）。

图12-11　TPO原则的服饰形象美学搭配（休闲场合）　图12-12　TPO原则的服饰形象美学搭配（约会场合）

（4）社交场合

社交场合最强调材质的光泽度。晚会或宴会的最大特征是灯光闪烁、绚丽夺目，通常要求突出华丽、典雅、高贵、时尚、耀目感觉的色彩搭配。一般晚会上，女士可穿小礼服，但在出席正式宴会时，应穿着中国传统旗袍或西方长裙晚礼服（图12-13）。男士则以西服为主。

12.4　任务实施

依据服饰搭配美学原理进行服装与配饰的组合搭配，完成大学校园场合、运动休闲场合、朋友约会场合、社团活动场合的服饰形象搭配。要求注重服饰形象定位选配适体服装，

图12-13　TPO原则的服饰形象美学搭配（社交场合）

符合TPO原则进行服饰形象美学搭配，掌握TPO原则的服饰形象美学搭配技巧（图12-14～图12-17）。

图12-14　学生创新作品：大学校园场合的服饰形象美学搭配（指导教师：张虹）

图12-15 学生创新作品：运动休闲场合的服饰形象美学搭配（指导教师：张虹）

图12-16 学生创新作品：朋友约会场合
的服饰形象美学搭配（指导教师：张虹）

图12-17 学生创新作品：汉服社团活动场
合的服饰形象美学搭配（指导教师：张虹）

参考文献

［1］王渊. 服饰搭配艺术［M］. 北京：中国纺织出版社，2009.

［2］王静. 选对色彩穿对衣［M］. 桂林：漓江出版社，2018.

［3］刘建长，戴炯，刘红. 服饰礼仪和搭配技巧［M］. 上海：东华大学出版社，2017.

［4］李京姬，金润京，金爱京. 形象设计［M］. 韩锦花，吴美花，译. 北京：中国纺织出版社，2007.

［5］张富云，吴玉娥. 服饰搭配艺术［M］. 北京：化学工业出版社，2009.

［6］王静. 识对体形穿对衣［M］. 桂林：漓江出版社，2018.

［7］朱琴，安婷婷. 服饰形象装扮艺术［M］. 北京：化学工业出版社，2011.